GAO ZHI HUAN
GAO ZHUAN
JING YI SHU
JIAO CAI

高职高专环境艺术教材

景观设计基础教程

陈炯 著

上海人民美術出版社

图书在版编目（CIP）数据

景观设计基础教程／陈炯编著.—上海：上海人民美术出版社，2008（2016.8 重印）
高职高专环境艺术教材
ISBN 978-7-5322-5526-9

Ⅰ.景… Ⅱ.陈… Ⅲ.景观—环境设计—高等学校：技术学校—教材 Ⅳ.TU-856

中国版本图书馆CIP数据核字（2007）第192448号

景观设计基础教程——高职高专环境艺术教材

编　　者：陈　炯
编委成员：马怡红　包海滨　董　珂　赵思嘉
　　　　　赵晓芳　张　伟　庄俊倩　宗　轩
　　　　　陈　炯　伍　洋　李　军　沈　舟
封面设计：宗慧浩
责任编辑：金　焰　卢　卫
技术编辑：季　卫
出版发行：上海人民美術出版社
　　　　　（上海长乐路672弄33号）
　　　　　邮编：200040　电话：021-54044520
网　　址：www.shrmms.com
印　　刷：江苏凤凰数码印务有限公司
开　　本：787×1092　1/16　8印张
版　　次：2008 年 3 月第 1 版
印　　次：2016 年 8 月第 5 次
书　　号：ISBN 978-7-5322-5526-9
定　　价：29.00元

序

30年的改革开放，给中国带来了巨大的变化，随着改革步伐的加快，“城市化”这个词语已为我们所熟悉。城市化建设需要一大批城市建设设计和环境艺术设计人才，需要走一条中国化、民族化的建设发展规律之路。

中国的城市化道路才刚刚起步，大量城建设计人才的培养是实现城市化建设的基础。本套教材的服务对象是高职高专环艺设计学生。人才的培养应该是按照城市发展需要分不同的层面。编写这套高职高专建筑环艺教材的目的就是为培养建筑设计师和环艺设计师的左右手而编写的，在城建设计中有大量的设计后续制作和后续制图工作由这批有相当专业能力的职专人才来完成，这样既解决了城建设计流程工作安排的问题，更重要的是合理解决了各类型学生的就业和发展问题。

上海人民美术出版社是一家有着50多年历史的出版社。近年来，美术设计与本、专科教材出版成为我社主要产品项目之一，目前已出版了200余种为各高校老师与学生喜爱的教材出版物。

为了提高本套高职高专环艺教材的质量，我们特意与同济大学环境艺术系的老师合作，并由系主任马怡红教授领衔，经过长达一年多时间的反复论证与编写，终于在2008年2月问世。同济大学是中国建筑设计的最高学府之一，教学思路清晰明确，编写教材经验丰富。在与同济大学环艺系老师的交谈中，我们对从什么角度编写、给高职高专学生用什么书等问题达成了一致。就是要从实用和实战结合实际出发，给高职高专学生更多的应用性的知识内容，让学生能更好、更快地与社会和就业接轨，让他们在打好基础的同时，提高他们的设计、制图、计算机应用能力。

最后，非常感谢各位参加此套教材编写的老师们，由于他们的辛勤努力使这套高职高专环艺教材得以按时付梓，同时也衷心希望本套教材的使用者给我们提出建议，以使我们在今后把本套教材修订成真正的符合国内高职高专教育的最优秀的教材之一。

2008年1月

目录

第一章

当代景观设计概述

第一章 当代景观设计概述

景观的整体属性

令人赏心悦目的景观环境

第一节　景观设计的概念

一、景观设计的概念

景观是近年来国内刚刚兴起，并逐渐发展形成的一门学科。景观设计的范畴不仅包括了“园艺”、“景观建筑”等，还涵盖着更为广阔的内容，是一门综合性较高的设计艺术。简单来说指的是以户外为主的整体环境空间设计。景观是一门很复杂的学科，既要有实用性又要兼具艺术性。一个好的景观作品离不开优秀的设计师和经验丰富的施工人员的共同合作。

国外一般把景观设计师叫做景观建筑师，比较偏向于整体环境（建筑）的考虑，包括自然要素和人工要素。但在国内有时更多侧重于园林景观方面。景观设计即通过对土地及人类户外空间的问题进行理性的分析，考虑问题的解决方案和最佳途径，并监督实施过程。景观设计学是一门建立在广泛的自然科学和人文艺术科学基础上的应用学科。它与建筑学、城市规划、环境艺术、市政工程等学科有密切的联系。因此，要求从事景观设计的人要有宽广的知识面和很强的实际设计能力，包括手绘、计算机软件等相关综合技能。

景观设计具体来说是指在某一区域内创造一个具有形态、形式因素构成的、较为独立的、具有一定社会人文内涵及审美价值的景物。它必须具有两个属性：一是自然属性，它必须作为一个有光、形、色、体的可感因素，一定的空间形态，较为独立的并易从区域形态背景中分离出来的客体；二是社会属性，它必须具有一定的社会文化内涵，有观赏功能，改善环境的功能及使用功能，可以通过其内涵，引发人的情感、意趣、联想、移情等心理反应，即所谓景观效应。

景观设计师是园林景观的规划和设计者，景观设计的宗旨就是为了给人们创造休闲、生态的空间，创造舒适宜人的环境。而景观设计师的职责就是使人、建筑物、社区、城市同自然和谐相处。

景观设计师必须具备制图和美术方面的表达技巧，使得设计图纸易于被业主和客户理解并得到实施，专业的景观设计师要对业主、施工方和委托项目负责，要为设计出色的景观作品不断努力。

任何对象、空间或事物都应为最有效地满足所要完成的设计而设计，且要恰到好处，如果设计师实现形式、材料、装饰和用途真实的和谐，对象不仅能运作良好，而且会具备赏心悦目的视觉效果。

近年来，国内景观设计也在设计时考虑到人性化的要求，好的景观作品也层出不穷。现在我们身边就有很多住宅小区，从景观规划、功能规划上都很符合现代人的生活理念；在注重视觉效果的同时，实用性也大大加强，充分考虑到人们的环境享受，这就是这些年景观设计的不断进步的结果。

景观设计要有地域特色，南北方气候有差异，要结合当地自然的气候和植被，比如北方冬天就很少有绿色，除了些针叶树的绿色，但北方冬天是需要阳光的，所以应该种落叶树而不能全种针叶树，这样使北方的特色有了自己独到的地方。设计师只有认同于自然后才会有个性，如果东西南北全是一样的欧陆式喷泉，雷同的水景风格，单调的花坛、大草坪，石材铺装的广场，地域特色就无从谈起。认同于自然，结合当地的气候和文化特点，才有可能做出成功的景观设计作品。

二、人性化设计原则

人性化设计是设计发展的更高阶段，是人类社会进步的必然结果。人性化设计是以人为轴心，注意提升人的价值，尊重人的自然需要和社会需要的动态设计哲学。人性化的考虑也是有层次的，以人为中心不是片面地考虑个体的人，而是综合地考虑群体社会的人，考虑群体的局部与社会的整体结合。

景观设计师要知道如何协调人跟自然的关系，在设计的过程中顺应自然，在自然中阅读大地的地形地貌。比如：时下单纯为了出容积率和招引顾客做成的标榜时尚风格的很多住宅小区，失去了对这块土地的认同，就迷失了家园的概念。设计师不宜单为形式美而设计，引进各种各样的图案和亮丽的色彩。纯粹强调形式主义图案的美，并不是成熟的景观设计师所需要追求的，相反是一种有害的设计时尚，是很难经得起时代考验的。

三、景观设计内容和构成

常用景观设计内容主要包括市政公园、居住社区的公共空间、商业及居住用地场地规划、景观改造、城镇设计和历史保护等。更多的是以性质与目的分为三种：庭园设计、都市景观设计、风景景观设计。

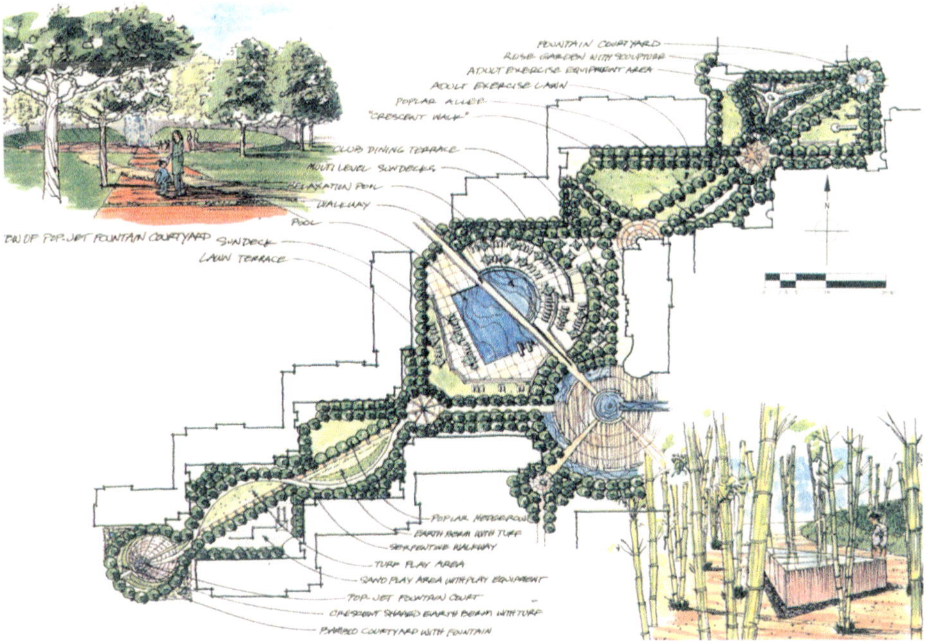

有时也具体分为硬质景观和软质景观。硬质景观是指人工设施，通常包括铺装、雕塑、构筑物、座椅、灯光等；软质景观是指树木、水体、阳光、人工植被、草皮、修剪的绿篱等等。

万科武汉四季花城的景观设计总图，从稳健的构思和高度纯熟的技巧上都比较好地体现了设计师的意图，从而给开发商留下了深刻的印象。

四、景观设计的误区

景观设计师必须熟悉植物栽培和养护，但很多入门者一开始容易陷入“绿化设计”这个误区。景观其实并不仅是单纯的园林绿化种植设计，而是涵盖了场地设计、造型设计、绿化种植、生态地理等综合知识领域，相对接近于环艺设计这个专业。在规模大些的景观设计中，景观设计师一般会和种植设计师相配合，而不是样样自己亲自动手。景观设计理念来自于设计师的头脑，图纸的目的是让观者来读懂和理解。表现方式可以是电脑图或手绘图等，美观整洁和富有表现力的图纸往往会具有事半功倍的效果。记住最重要的还是最终实际景观效果，而不是过于注重完美精彩的图纸。现在往往有一些景观设计公司能画出动人的图纸，可实施性并不强。图纸的美观只是设计的过程而不是目的，重要的是把握一个真实的三维空间场所的设计，体现我们设计者的思想，所以真实的尺度感和现场感是非常重要的。

思考题

1. 什么是景观，景观设计师的定义是什么？
2. 为什么要在设计中体现人性化设计原则？
3. 为什么景观设计师不等同于种植设计师？

第二节　景观设计基本知识

一、景观设计内容构成——历史与现状

景观设计是一个古老而又崭新的学科。它是一种具有时间和空间双重性质的创造活动，随时代发展而发展，是一个不断创造和积累的过程。广义上讲，从古至今，人类所从事的有意识的环境美化改造都可称之为景观设计。

景观设计由来已久，中国传统园林发展历史就是中国现代景观的前身。

在现代城市与住宅景观规

典型的生态建筑设计范例——赖特的流水别墅景观

划建设中，小到灯光照明、景观大道、雕塑小品、喷泉水景，大到新旧城区的整体规划，景观设计问题已越来越显得重要。纵观国外先进城市和住宅开发建设的成功范例，其景观规划总是较全面合理且具有前瞻性，不仅美化了环境，提升了城市与房产项目的知名度和竞争力，而且为繁荣经济、促进可持续发展奠定了良好的基础。我国经过多年来的发展和观念的不断更新，人们对居住环境的要求也越来越高，景观设计不仅被人们当作做一门设计艺术来讨论，而且已经将它融入了生活中。

二、景观场地规划与生态化设计

以生态价值为取向是现代景观设计的趋势。任何与生态过程相协调，尽量使其对环境的破坏影响达到最小的景观设计形式都称为生态设计，这种协调意味着设计尊重物种多样性，减少对资源的剥夺。它有助于改善我们人居环境及生态系统的健康。

生态化设计就是继承和发展传统景观设计的经验，遵循生态学的原理，建设多层次、多功能的植物群落，建立人类、动物、植物相关联的新秩序，使其在对环境的破坏影响最小的前提下，达到生态美、科学美和艺术美的统一，创造优美的景观环境。

这方面最好的例子就是著名的流水别墅，位于宾西法尼亚州茂盛的丘陵地带，毗邻自然保护区。它是美国杰出的生态建筑设计典范，一个建筑艺术与自然环境的完美结合，而且随着时间的推移，其影响力非但没有下降，反而不断提高。

三、景观设计知识介绍

景观设计基础知识主要包括CAD绘图基础、手绘表达技巧、相关设计基础、植物学知识、常用景观材料和施工方法等。

景观设计的图例

植物平面图例:

乔木

棕榈

灌木

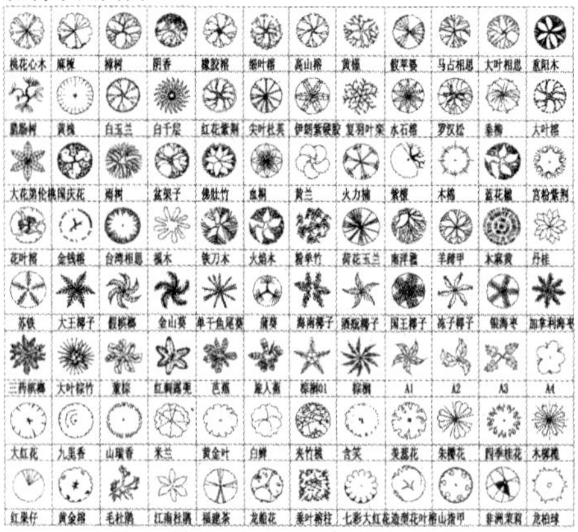

绿化苗木汇总表:（上木）

编号	植物品种	图例	规格(CM)			数量		备注
			胸（地）径	高度	蓬径	株	面积M²	
1	香樟		12-15	500-600		42		全冠种植，树型良好
2	女贞		10-12	400-500		26		全冠种植，树型良好

绿化苗木汇总表:（中木）

3	山茶				120-150	11		
4	碧桃		4.1-5.0	180-200		9		
5	桂花球			250-280	220-250	6		
6	慈孝竹						138	

绿化苗木汇总表:（下木）

编号	植物品种	图例	规格(CM)			数量		备注
			胸（地）径	高度	蓬径	株	面积M²	
1	毛鹃			31-40	21-30		48	16株/M²
2	小叶黄杨			41-50	21-30		480	25株/M²
3	金叶女贞			41-50	21-30		664	25株/M²
4	红花继木			41-50	21-30		267	16株/M²
5	紫叶小檗			41-50	21-30		76	25株/M²
6	玉簪						26	25株/M²
7	吉祥草						48	25株/M²
8	朝鲜栀子花			41-50	21-30		220	16株/M²
9	石楠绿篱			90			328	10株/M²
10	四季桂绿篱			80			130	10株/M²
11	珊瑚绿篱			100			305	8株/ M²
12	百慕大追播黑麦草						4900	
13								

审定人 AUTHORIZED FOR ISSUE BY:	
审核人 REVIWED BY:	
设计总负责人 PROJECT	
专业负责人 DISCIPLINE RESPONSIBLE BY:	
设计人 DESIGNED BY:	
制图人 DRAWN BY:	
工程名称 PROJECT:	
工程编号 PROJECT NO.:	
图名 DRAWING TITLE:	
图号 DRAWING NO.:	
比例 SCALE:	日期 DATE

景观设计的标题栏

景观设计一般按顺序分为方案构思、扩初深化和施工图设计三大阶段。设计师也根据阶段来向客户收取费用，值得注意的是中间扩初过程在一些设计院有时会省略，但在方案阶段推进受阻的情况下贸然开始扩初甚至施工图阶段设计是非常不明智的，会造成人力物力的极大浪费。反之，设计过程由施工图阶段开始也是难以想象的。

绘图比例

无论是手绘或电脑设计图都是按绝对比例尺绘制的，图纸规划中的一个长度单位精确地表示一段实际更长的距离。图纸从方案阶段就要严格按照比例和实际尺度来绘制，不然在后续阶段会产生比较大的麻烦和混乱。

具体比例如1：5、1：10和1：20等多用于细部详图设计，1：50是比较常用的尺度，1：100、1：150、1：200、1：500等用于面积比较大的景观，如大型住宅小区、市政商业景观等。

平面图

这是景观设计中最重要的部分，等于从对象正上方俯视的结果。一般主要有平面总图、竖向标高图、绿化种植图、铺装图等。线型一般如蓝线（水线）和红线（地界线）等用点划线表示，围墙、车行道、人行道等用实心线表示，代表地面高度变化的等高线用虚线表示。当然具体还是参照行业内统一的出图规范。

由于所有的设计深化（水电、绿化、放样等）包括施工测量和造价估算等都要以平面图为基础，所以比例和尺度一定要准确。如铺地石材或砖的表达在图上应该以实际尺度以绝对比例绘制在图上，乔木也应照实际尺度表示株距和冠径等。比例过小的可用放大图的形式表示。含糊不清的表达会给施工进程带来麻烦，导致施工没有结果和设计意图不一致，从而带来比较严重的后果。总之，图纸标示一定要清晰明确。

图例

不同的图例代表不同的设计元素，如植物常用各种大小的圆形来表示，圆的直径代表植物的冠幅圆心，用十字交叉表示种植点。不同的图例可以深入表达和区分落叶树种和常绿树种等，通过不同的质地来反映砾石、花岗石、绿篱等元素。当然具体图例的选择每个设计师都有个人的风格和偏爱，图例的功能就是为了恰当地体现设计思路，避免平面图表示上的混乱和无序。

标注

尽管平面图上采用的图例可能很生动，但标注说明仍然是非常重要和必须的。作为沟通和交流手段，图纸的完整性在很大程度上取决于标注的位置和形式。

通常，景观设计图的标注应整齐划一，从而方便阅读又美观实用。过于复杂的标注方式是不适合的。要知道使用标注的根本目的是要清晰表达设计者的思想。任何过于花哨的标注都意义不大,反而会增加阅读的麻烦。

同一性质的标注大小应该一致。例如，在平面图上的所有标注都应采用同等大小的字体，这样它们就不会互为干扰。每一个单词的间距应是平衡的。设计图上的不同部分可以采用不同大小的字体。例如，图例中的字体可以比平面图上的大些。根据图纸上标注作用的不同来协调字体的大小，有利于整张图纸的均衡和美观。植物名称可以直接标注在平面图上，也可以在单独的植物表中列出。直接标在图上的优点是，可以使人直接了解植物的情况。如果图面比较饱满，单独的植物列表则可以减少图面的杂乱。使用单独的植物表还能深入说明更为详细的资料，植物的名称、数量、规格、种植时的状况都会包含在列表中，而如果以上内容都标注在同一张平面图中，则会使图面混乱不堪。当使用植物列表时，一般最好要在图纸和列表中使用相同的代号或字体来表示每种植物。

标题栏是景观设计图中用来提供有关图纸的总体信息的部分，包括项目名称、建设项目地址、图纸完成日期和设计师的会签栏。如果图纸为修改方案，还应标注修改日期。通常，题目如“景观设计”或“住宅区景观设计”放在最前面。标题栏使存档变得易于检索。标题栏通常放在图的右下角，但有些设计师会把标题栏信息放在左下方或其他地方，用以平衡构图和增加变化。

指北针的方向标应与比例尺一同放在离平面图较近的明显地方。

景观设计图纸中不仅会包括设计立面图和平面图,也包括透视图。图上的各个因素显示其高、宽和其他关系，而不能表现纵深感。每个因素都是从同一个水平基准画出的。而透视图确实可以展现景观的三维空间关系,明确地向业主展示出景观规划区的预期效果。

平面图一般无法表示所有的细部，设计图纸中一般还包括细部详图。这种图可以将某一特定

区域放大，以使这些区域可以被更详细地标注或用图例表达。当使用这些细部图时，应该编号和加注索引，并明确地标注它们的比例。

一幅完成的景观图的总体形象反映了设计师的态度。整洁、简明、标注清晰的规划设计图，可以给观者留下深刻的印象并能成功地传达设计者的思想。相反，一幅表现力差、标注不清的图，则表示设计师的马虎态度，这样业主和施工者会很难对最终的成果表示认同。

将景观设计思想落在纸上需用绘图。绘图既可以手绘，也可以用计算机来完成。有关电脑操作步骤请参阅《建筑设计软件基础教程》，我们这里主要先介绍简便实用的手工绘图工具。

四、绘图装备

法国曲线板

马克笔

模板

塑料的模板可以用于绘制图形。模板是被挖空成各种形状的平整的塑料片。最常使用的是圆模板，绘图者可以沿挖空部分的外缘来画圆。另一些模板还可以用来画长方形、六边形或多边形。专业模板甚至可绘制树木、围栏、树篱和其他图例。

法国曲线板就是一套专业模板，该模板由许多条曲线组成，非常实用，可以用来绘制不同的自由曲线。

铅笔和马克笔

各种类型的书写工具都可尝试用做绘图工具，从而找出比较适合自身的画笔。最简便和经济的当然是各种单色木制铅笔。而彩色铅笔和各类马克笔通常用于绘制生动的平面图、立面图和透视图。马克笔主要有酒精水融性和油性两种，油性的覆盖力较强但比较刺鼻，水性马克笔散发的味道对人刺激较少。

固铅器和自动铅笔

固铅器是一种中空的塑料管或金属管的笔，其内部可以装和铅笔有相同硬度范围的单根铅芯。这些铅芯可以使用削铅器来削尖，削铅器能削出特别长而细的笔尖。

自动铅笔已经非常普遍。可以同时装几根铅芯而且无需削铅。笔铅以毫米

（mm）为单位，大体上从0.3到0.9毫米不等。自动铅笔的缺点是笔铅太细，使用时应注意握笔技巧以免折断。绘图者可以准备好几支自动铅笔，每支铅笔使用一种规格的铅芯。这使得绘图者只需更换铅笔就能够以相同力度画出不同线条，而不需要用一支笔不断地更换铅芯。

钢笔

尽管许多图纸是使用铅笔画的，但用墨水绘制的比较有力度。墨水在绘制完成的制图时特别有用，因为完成的制图需要整齐划一的线条。高质量的墨水笔具就是针管笔。它有可以画出多种粗度线条的笔尖。墨线的粗度被称为线宽。线宽从0.1到0.8毫米不等。可更换的墨水囊使得这些笔能够反复使用,推荐结合使用笔尖很有特色的美工钢笔,用它可以画出令人印象深刻的笔触。

绘图介质

大多数的景观规划图都是画在许多不同类型的纸上。描图纸是一种薄而经济的纸张，常常用于方案构思。当设计初稿表达完成后，就可以在描图纸上放高质量的专用纸，最终的规划图就可以绘制在这上面。专业纸是黄色或无色的薄纸。它不如描图纸透明，但其透明度足可以让设计师看清下面描图纸上的线条，并将它们描出来。市场上也可以买到几种不同比例网格线的纸。网格线免去了用比例尺反复测量的麻烦，使用这种纸可以大大地加速绘图进程。

描图纸可用美纹纸胶带固定在绘图板上,非常方便快捷。美纹纸是一种薄而有低黏性的胶带纸，它可以将绘图纸牢固地黏在绘图板上，但当被轻轻揭下时，它又不会因为太黏而使图纸撕裂。

度量工具

景观规划图是按绝对比例绘制的，意思就是规划图上所使用的一个单位长度表示进行项目中

以钢笔描绘的效果图，比较有力度

景观设计使用的纸张和比例尺

实际所用的一个更大的单位，如毫米、米等。常见通用的建筑比例尺为1/100、1/300、1/500等。它们被表现在一种30厘米长的测量工具上，一把三角形的多棱尺，被称为建筑师比例尺。另外还有一种不到18厘米的折叠尺，比例为1/10、1/75、1/125不等，可以用于住宅和庭院设计。一个建筑师的比例尺一共可以表示11种比例，例如：1厘米代表1米，1厘米代表50米等。较大比例尺的单位牵涉到大尺度场地的景观规划，例如，1：800或1：1000等。

蓝图

原始设计图由于花费了设计师的大量时间而显得非常宝贵。而底图在现场又容易破损，因此都是将廉价的、易复制的蓝图带到现场。蓝图是通过晒图机处理的一种特殊纸张，可大量复制。只要原始底图保持干燥并避免引起纸质退化的光照，原始图可以进行多次晒图。

现在已经出现了大型影印设备，它可以用来复制景观图纸，而取代晒图。由于背景更白，使用影印设备的复制件看起来更像原始图纸。

计算机辅助制图(CAD)

另一种很普及的绘图方式是计算机制图。使用这种形式绘图，也就是用计算机硬件和软件代替铅笔、三角板、模板等类似的工具。

五、景观建造的设计过程概念

建造一个优秀景观的过程包括三个明确的步骤：设计、施工和养护。忽略其中的任何一个方面均会影响一个景观工程项目的成功性。一个创意极佳的景观项目，如果施工极差也是不会成功的。同样，再完善的施工过程也不可能挽救一个糟糕的景观设计。而同时，高水准的养护更是后期过程中必不可少的。

设计出一个可行的优美景观方案是远远不够的。优秀的设计师往往会通过确保规划方案能够以良好的施工和养护来作为其设计的后续。确保可行性的造价预算、确保施工质量的项目说明书、设计过程中简便易行的养护都是使设计师能够创造一个成功的景观作品的要素。

景观设计过程中的许多阶段都是息息相关的，因而我们往往需要同时兼顾考虑它们。

设计过程由全面的设计分析开始，包括场地分析和人群需求的分析。景观设计要挖掘特色并完善整体功能的布局，根据土地的适宜性布局总体规划。设计的过程是先分析这块土地的交通系统、理顺自然布局，要考虑哪些需要解决疏散、哪些尽端是进入的。然后是水系的设计、植被的设计。接着进行景观视觉的设计，阅读完地貌特征后知道哪些地方不需要动土，哪些可以充分利用地形来做，这就是减少土方量、服务系统的设计。之后是安全保障系统、排水系统、电力电气系统的设计，分期实施规划。实际上景观设计师从开始到结束，都是协同城市规划、建筑和水电等各个专业，实现相互合作、和谐的关系。

当基本研究过所有相关因素后，设计师就可以形成具体的概念方案。房产用地按设计分析结果被分为满足功能的可用部分，并进行必要地带的改造规划。然后便可以规划出遮阴防风的屏障和围合等空间区域。

在这一设计阶段，也应考虑所有的环路设计。同样，最好也是只确定人行道、车行道、宅间等的大体形式和尺寸，而不要决定具体用哪种表面铺装。具体问题展开会在下一章节讨论。

当设计师对空间区域的大小形状、环境功能、交通环路有了总体的想法之后，再来考虑设计中的美学因素。这个时候，设计将变得更加具体。需要决定是使用廊架还是树木来遮阴，是用墙、树篱还是植物群来做屏障等等。当选择了地面铺装材料并确定了分界线后，地面的形式便确定了。在一个统一的、给人以美学享受的设计中，所有景观园林因素，如质地、色彩、形式，应该有机地融合在一起，从而形成有视觉美感、满足功能的景观空间。

虽然在这里我们只能就设计中每一个相对独立的部分分析，但有经验的设计师常常在设计进行过程中同时对它们进行斟酌。在每一个阶段，设计师会不断地将注意力从一个因素转向另一个因素，以便确保最终的设计能够达到和谐统一。

尽管这里主要是设计过程的简要介绍，但还是会提到一些同样是设计师要关注的施工和养护方面的问题。如果想成为优秀的景观设计师，建议阅读一些有关园林施工、养护等方面的书籍，以作为本章节的必要补充。

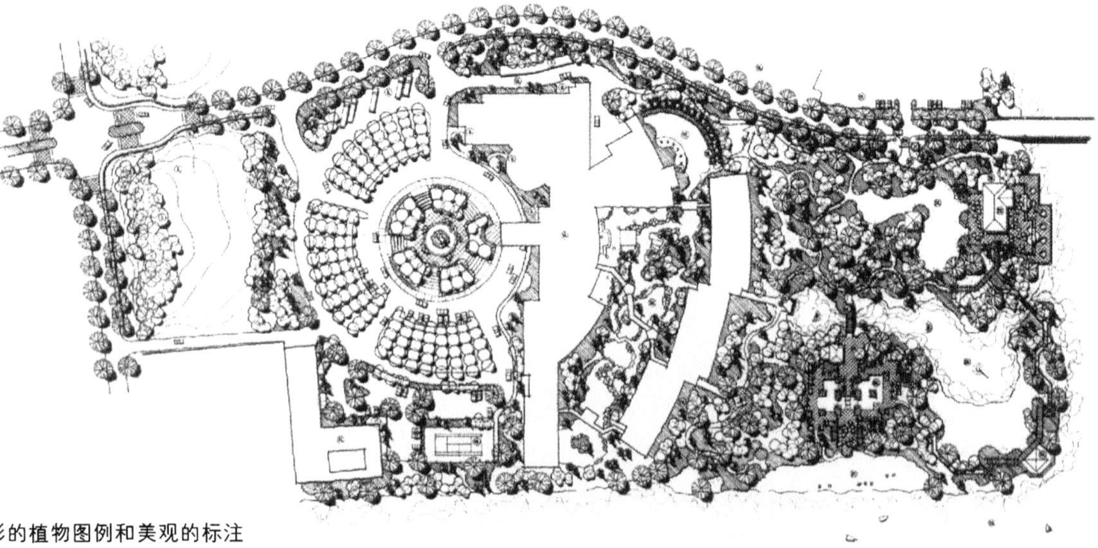

精彩的植物图例和美观的标注表现，一所度假型酒店的景观总平面

要点概述

景观设计是一个复杂的过程，是实用性、艺术性和功能性的有机结合。

景观规划方案图是向开发商或业主传达设计意图的一种图纸形式。

设计师头脑中形成的概念比用来表达它们的图例更为重要。

景观设计图纸包括下面的部分或全部内容：总平面图、立面图和透视图、种植苗木表、节点详图、标题栏、方向标、比例尺等等。

设计图纸中，所有标注必须统一整齐、简洁易懂。所有的标注必须靠近需要注解的地方。

景观规划方案完成的状况体现了设计师对工程项目的态度，进而会影响到开发商和施工方。制图是在图纸上绘制正规的园林规划方案的过程，实际绘制最终规划方案的人叫制图人。

为了获得成功，园林作品必须设计巧妙、施工得当、养护妥善。任何一个方面稍有马虎，都会破坏景观作品的潜在魅力。

虽然设计可以被分解成一系列的步骤，但细心的设计师往往仍会同时斟酌这一程序的所有部分，对于给定的某一题材景观，他们都会画出最好的方案。

度假型酒店的景观剖面图

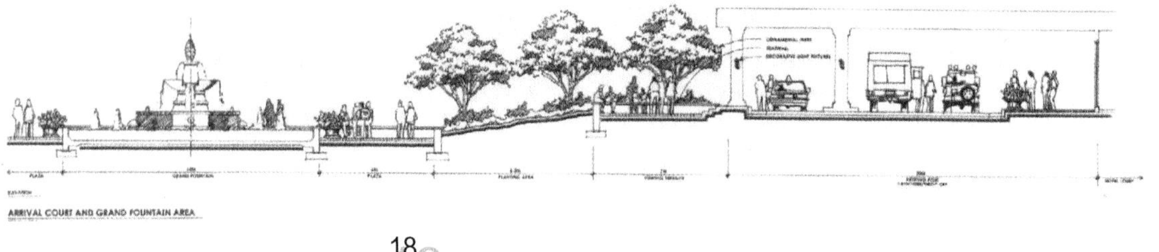

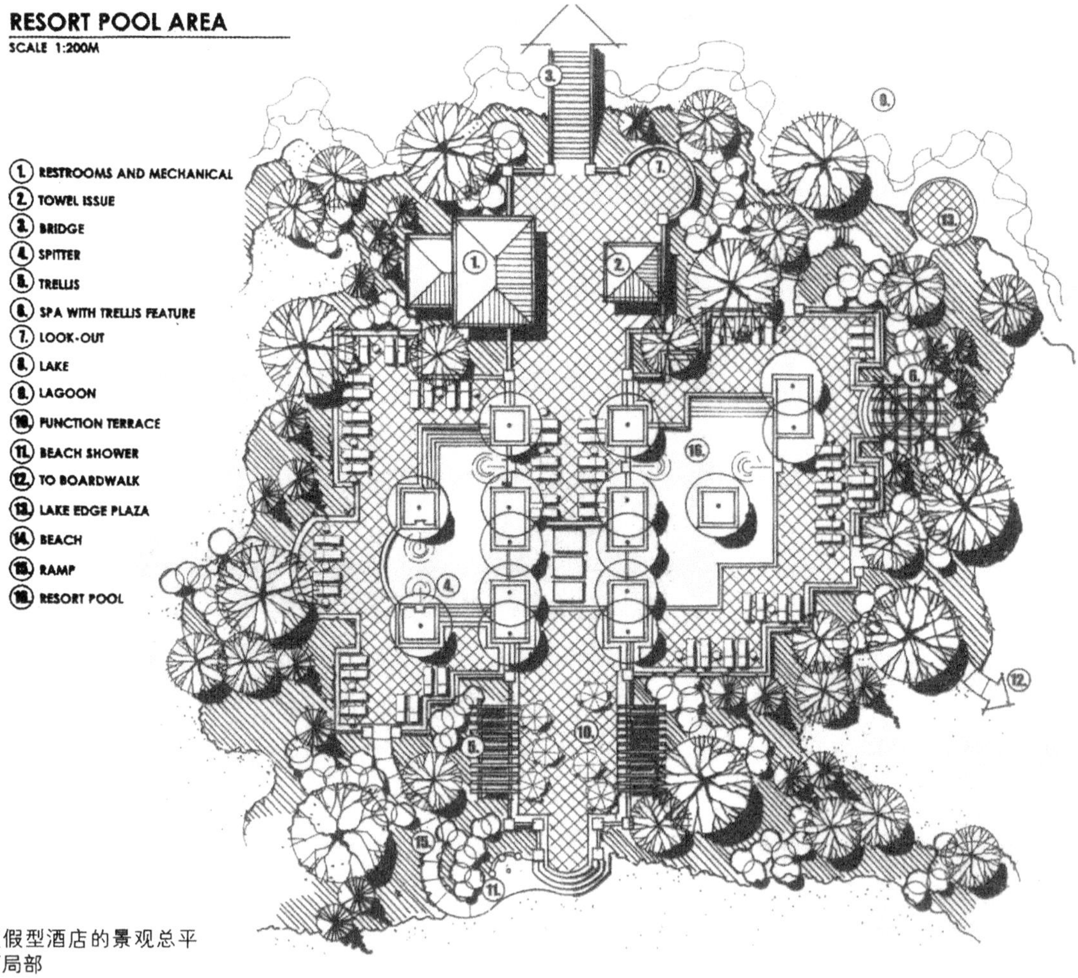

度假型酒店的景观总平面局部

思考题

1. 立面图与透视图、节点详图等有什么不同?
2. 在景观图中使用绝对比例的含义是什么?
3. 为什么有时使用单独的植物配置表会更有益处，而不是在平面图上直接标注植物?
4. 为什么做出一个外观好看的景观规划总平面方案图是很重要的?

第三节　中外景观设计

一、东方传统园林体系景观分析

中国的东方园林体系最初形成可追溯到距今已有4000年的夏商时期。不过那时的园林基本上还处于圈地时期，直到秦始皇营造的阿房宫和汉代的上林苑依然如此，而且园林的使用功能中还始终含有一条，即供天子和诸侯狩猎之用。到魏晋南北朝时期，由于佛教和玄学的影响，人们开始更加主动地关注和模仿自然，从而开创了中国园林崭新的时代。

唐代是中国封建社会繁荣的顶峰，各种艺术文化成就纷纷涌现，园林艺术在此时也进入了一个新的阶段，其标志在于唐代诗人王维的辋川别墅的修建。王维的诗画对于意境的追求是其重要特

苏州拙政园的景色

苏州网师园的景色代表了中国传统园林的本质特征

色，这座与自然山水风景结合的宅院也贯彻了这一思想。到了北宋，抽象自然和象征自然在园林建筑中日益明显，成为中国园林的主要特色。

从宋至清，是中国园林艺术的成熟期，其间名园举不胜举，单在苏州一地，就有沧浪亭、狮子林、拙政园、留园等一系列经典作品。此间，东方园林对自然的模仿手法还流传到西方，对欧洲园林的发展和现代园林风格的形成起到了重要的推动作用。中国的古典园林分为皇家园林、私家园林等。中国皇家园林的指导思想一直是在为皇室提供宴游狩猎的场所时不忘体现帝王的威严和等级的森严，故而显出庄重、典雅、气派、大方、华贵等特点，具体表现为面积规模大，山体高耸，水面开阔，有一定的轴线和对称，建筑呈现出北方风格，整体富丽堂皇，屋角起翘小，屋面琉璃瓦多，木构彩画多。中国的私家园林则以诸多江南园林为代表，其特点是面积小，文人意味浓厚，在手法上，园林成为建筑群体轴线的延伸和附属。

东方园林以自省含蓄、蕴藉内秀、恬静淡泊、循矩守拙为美，重在情感的感受和精神的领悟，与自然之间保持着和谐的、相互依存的融洽关系。对自然物的各种客观的形式属性如线条、形状、比例、组合不占主要地位，却以对自然的主观把握为主。空间上循环往复，峰回路转，无穷无尽，以含蓄的藏的境界为上。东方园林是一种摹拟自然、追寻自然的封闭式园林，一种“独乐园”。东方的古典园林富有诗情画意，叠山要造成嵯峨如泰山雄峰的气势，造水要达到浩荡似河湖的韵致。这是为了在表现接近的物体时，不是任何具象的景致或环境再现，而是一种形

东方古典园林的诗情画意都蕴含在这叠山造水中

式的表现。对于自然或人居环境而言，这种形式是特定的、独立的，不从属于任何其他形式。石头、草木、水还有建筑在这里都并非是它们本身，而是头脑中某幅画面中的一部分。从这一点来讲，中国的园林是最抽象的。

苏州拙政园的空间结构，后人用精巧的剖透视图表达出了它的巧妙。但这只能是心里知会到的，实际景象就不能这样，否则就拙了。

在中国的古代园林中，豫园在使用建筑构造来显示空间的变化性和丰富性上是最努力的，通过亭、榭、廊、墙、桥、柱杆、格栅等元素的各种组合，演化各种曲折变幻的空间和景致。

我国古代皇家园林在设计思想和宏观布局方面，传承古老的东方文化。众多的皇家园林融汇了中国道教、儒家等传统思想，其建筑风格以皇家气派、豪华为象征。中国的古典园林艺术有很高的造诣，但是如果都来一味照搬古典园林，那就失去时代意义了。我们当代景观设计的任务是考虑怎样结合现代的需求把中国古典园林的精华融会贯通，把握中国传统园林的精髓，古为今用。

西方园林的花园水渠

二、西方园林体系景观分析介绍

西方的造园起自于西亚的古代波斯，即古波斯所称的“天国乐园”。这种造园的特点是用纵横轴线把平地分作四块，形成方形的“田字”，在十字林阴路交叉处设中心喷水池，中心水池的水通过十字水渠来灌溉周围的植株。这样的布局是由于西亚干旱与沙漠的环境使人们只能在自己的庭院里经营一小块绿洲。在波斯人的心目中，水和绿阴对于他们显得特别珍贵，他们认为天堂（即后来基督教所说的伊甸园）就是一个大花园，里面有潺潺流水、绿树鲜花。在古代西亚的园林中，那个交叉处的中心喷水池就象征着天堂，后来水的作用又得到不断发挥，由单一的中心水池演变为各种明渠暗沟与喷泉，这种水法的运用后来深刻地影响了欧洲各国的园林。类似的元素在当代设计中屡见不鲜。

三、西方古典体系和现代体系

古希腊于西元前5世纪逐渐模仿波斯的造园艺术，后来发展成为四周为住宅围绕、中央为绿地、布局规则方正的柱廊园。随后希腊的园林为古罗马所继承，他们将其发展为大规模的山庄园林，不仅继承了以建筑为主体的规则式轴线布局，而且出现了整形修剪的树木与绿篱、几何形的花坛以及由整形常绿灌木形成的迷宫。文艺复兴时期，欧洲的园林出现新的飞跃。以往的蔬菜园及城堡里的小块绿地变成了大规模的别墅庄园。园内一切都突出表现人工安排，布局规划方整端正，充分显示出人类征服自然的

西方经典的水池造型

成就与豪情壮志。到法国的路易十四称霸欧洲的时代，随着1661年凡尔赛宫的兴建，这种几何的欧洲古典园林达到了它辉煌的顶点。在随后的数百年内，欧洲大陆上从维也纳到柏林，从彼得堡到枫丹白露，到处都可见到这些闪现着皇家与王室荣耀的灿烂光辉的园林，巴洛克和洛可可艺术在其中得到了尽情的展现。

此后，受东方园林的影响，欧洲园林中出现了以英国自然风致园与图画园为代表的偏向自然风物的园林，这种园林发展到现在，就成为当代美国新园林风格。西方的建筑在19世纪中叶达到鼎盛，其建筑风格和当时的艺术文化思想是相吻合的。现代的西方设计大师，在基于现代设计理念的同时，巧妙地结合地形，把现代和古代的艺术思想融入到设计中去，造就了一批精品。

欧洲传统园林的特点多体现于其规则式布局、轴线对称及整体造园风格的人工化，其园址占地面积颇大，而园内陈设极其豪华，皇室贵族的园林

带有明显西方园林风格的深圳星河湾住宅小区

凡尔赛宫，法国国王路易十四世到路易十六世的王宫，经过数代建筑师、雕刻家、园林建筑师的不断改进润色，成为欧洲王室宫邸的典范

极尽人工造园手法之能事，力图将所有的造园表现手法都见诸园内，从而不惜代价，铺陈豪奢。从规模和形式上讲，法国凡尔赛宫廷花园都堪称欧洲皇家园林的代表作。

凡尔赛宫的花园占地101公顷，有数量繁多的人工景色、散步场所和花圃，还有一条大运河及它自己的小“威尼斯”。宫殿本身的花园就大得令人吃惊，花园的正面有640米长，中间有镜厅，那是一个长72米、宽10.6米、高12.8米的长廊。17扇窗子俯瞰花园，对面墙上装有巨镜与之相对。1682年，凡尔赛宫成为路易十四的长住之地，整个法兰西朝廷不久在此建立。

凡尔赛宫的花园设计能收藏大量的雕塑作品，镜厅前面的水坛有两个湖，每个湖内有四个雕塑代表法国的河流——雷诺定代表卢瓦尔河和卢瓦尔特河，图别代表索思河和罗纳河，拉翁格勒代表马恩河和塞纳河，考赛伏克斯代表加龙河和多尔多涅河。还有一些生动的动物群体和无数古典神话中的形象，包括酒神巴克斯、太阳神阿波罗、众神信使墨丘利和森林诸神领袖塞利纳斯等。

四、西方园林风格在中国

目前对于现代中国房地产来说，它不但要求环境营造的纯美效果，考虑更多的是其广告卖点和成本核算，所以开发商在决定景观绿化方案的时候会更多考虑方案的独特性和卖点。为了快速出效果，往往求助于国外的设计公司，设计出来的作品多是纯粹的西方园林风格。随着房地产业在全国的迅速发展，这种外来文化的冲击遍及全国。建筑风格表现为到处是罗马柱和欧式雕塑，以热带植物为主的配植上讲究群植、花团锦绣、豪华气派，与中国传统风格的园林艺术背道而驰。在初期，人们感叹其气派和豪华，对其手法也备感新奇并认同其风格，使这种风格和款式在上个世纪90年代末达到了高峰。其他的景观园林绿化也受到很深的影响，如道路绿化、街头小品、广场铺装等都有了很强的西方园林色彩。不可避免地刻上了时代的烙印。

五、东西方两种园林风格的比较

从上面对几大园林体系形成的叙述中，可以看到欧洲和伊斯兰体系之间存在着同源的关系，即都始自于对古代西亚造园方法的模仿。那种十字规划水道的基本法则还是保留下来。而有趣的是，欧洲在学习古西亚法式时对其所进行的改造与印度对传统伊斯兰手法的变更有很大相似性。欧洲的水源也很丰富，植被更是繁茂，所以这里的造园使用了模仿伊甸的四条水路分割法则。有赖于植物的丰富，后来欧洲又用大量的几何植栽来加强了这种分割，并以这种矩形分划为基础，衍生出一整套几何造园的理论，而水法的运用也日趋宏大。但是尽管存在着巨大的不同，这两者之间无论是源流还是具体的手法上都有着很多的共同点。而与其所对立的东方体系则是完全自我生长和发展的另一套理论，从其审美基础、所生长的文化土壤到具体的理水、堆山、用树和园林建筑都有着判若云泥的差别。西方园林风格与中国园林的最大不同就是东西方两种文化体系的不同，重点在东西方两种对景观的处理模式的比较上。

英式园林的意境——经过精心修剪的绿篱、树造型和绿草地相映成趣

贝聿铭设计的香港中银大厦景观处理既现代又传统，有东方元素的奇石和灌木，流水顺着几何形的阶梯潺潺而下，象征意义和造型都很抢眼

思考题

1．东西方园林风格有什么不同与相似之处？

2．为什么要多了解东方园林历史，在景观理念上不能一概西化？

3．为什么很多好的景观设计作品大多运用了西方现代的造型手法，而内容和哲理却是东方的？

第四节　景观相关领域和作品

一、景观设计的两大特点和相关综合领域

创作性

景观设计的过程本身就是一种创作性活动，需要创作者具有很丰富的想象力和灵活开放的思维方式。设计者面对各种类型的景观项目时，必须能够灵活地具体解决对立矛盾与实际问题，不断发挥创新意识和创造能力，才能设计出内涵丰富、形式新颖的景观作品。对初学者而言，培养创造能力始终应是其专业学习训练的目标。

综合性

景观设计是一门综合性很强的学科，涉及到建筑工程、生物、社会、文化、环境、行为、心理等众多学科。作为一名设计者，必须熟悉、掌握相关学科的知识。另外，景观本身的类型也是多种多样的，有市政道路、滨水、商业广场、居住区景观、公园和风景区等等，因此要广泛地接触和深入了解各类景观设计工程，同时保持广度和深度上不断地

步行道、灌木带和休闲座椅营造了一个舒适的休憩氛围

学习，从而掌握一套适合自身的行之有效的方法。

景观相关专业包括：植物学、规划学、园林学、建筑学、美术设计、环境学、视觉艺术、农艺学等专业。景观相关职业包括：建筑师、植物种植设计师、规划师、园林设计师、环境规划与设计师、视觉设计师、农艺师等。

二、景观设计相关阶段

入门初级阶段

设计分析解读与制图(设计分析参见第二章有关段落论述和其他制图教程教材)。

熟练运用AutoCAD软件绘图（可部分参照《建筑设计软件基础》和其他相关教材)。

学习大量优秀的景观设计实例,大量观摩和学习成功的景观工程项目，经常到实地进行景观施工的场所观察，重点注意一些布局和细部关系，比如看人行道路的铺装和收边道的关系、水景的出水口和细部材质变化、树坛和花坛新的形式做法、商业广场的材质分区和户外座椅的实用功能关系等诸如此类的问题，会不断有意外的收获。

助理设计阶段

具体如：1.施工图学习与绘制；2.绘制徒手快速效果图；3.了解施工预算情况。这主要是协助设计师完成设计图纸的制作，是一个学习和实践的过程。

执业设计师阶段

独立完成整个设计项目，包括带领团队、汇报会议、现场协调等诸多工作。

三、著名景观设计作品

深圳第五园

中国的地产龙头之一万科，委托易道设计公司为深圳的一处高档住宅区作景观设计。该项目

深圳第五园平面图

被誉为第五园，因在华南地区已有因景致迷人优雅而著称的岭南四大传统花园，而万科该项目名曰第五园，意寓为名园的新代表。该项目位于一个正在开发中的山谷，四周有郁郁葱葱的青山环绕，自然景色引人入胜。该项目占地约13公顷，位于深圳特区内，距市中心15分钟车程，交通尤为便利，是众多富裕的年轻人理想的家庭居所之选。该项目分为三期：第一期是乡村中心，这里将有大量的小商店、饭馆、咖啡厅和一处市场，也是社区活动中心。还有一座特地从其他地方搬迁过来的建筑物——有300年历史的木屋——将作为这里的文化艺术活动中心和茶室。第一期还包括乡村别墅以及样板间；第二期包括市镇中心和小型高层住宅，而这些建筑都将被各种各样的花园庭院环绕；第三期包括拥有平台景观的家庭高层住宅。该物业的景观规划提供了多用途的居住、娱乐、休闲空间的使用，彼此互相关联而又为众人共同享受，就此把整个物业连贯成一体，以实现其所标榜的“乡村”这样一个集体概念。

第五园通往老房子的曲桥

易道的设计方法是建立在当前社会背景下对自然以及传统意义的“乡村”生活质量的探索基础之上，或者说是建立在对现代生活需求和令人愉快的事物的把握的基础之上。通过当代手段这个棱镜重新审视这种观念，一个朴素而现代的中国居住社区便跃然纸上。以这个整体主题为提示，易道创造了五点设计方法，集中精力在花园、简洁、环境景观和娱乐等四个方面。综合起来，这些方面折射出了传统乡村文化的价值观和生活方式，同时设计本身也支持营造一种现代、简单但却优雅的环境。

易道同万科的合作非常愉快，双方不断地进行讨论、概念和观点的交换和彼此沟通。通过这样的合作方式，易道进一步发展了一个观点，其基础是创造暗喻景观的理念——即创造一种现代的、集中在五点方法上的景观，同时能利用形式暗示出艺术和沉

第五园民居村房入口

第五园的借景诠释

第五园水景

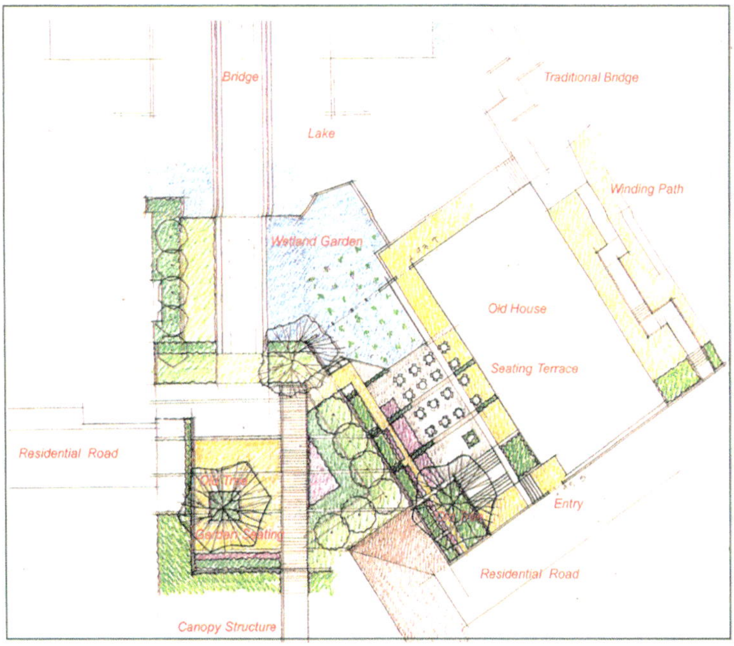

第五园的老房子中庭和中央花园平面

新校区稻田近景

思对于中国园林的古典思考的重要意义。这些观点已经得到了发展并提供了人们互动的场所——在这里孩子们可以尽情玩耍、老人们可以聚会、邻里之间可以友好往来，这里生机勃勃，联系着内在和外在的空间关系，创造机会把室内活动向外延展到花园里、院子里、巷子里。

通过取景，体现一种情境或场景，再通过利用景观层次的空间对比创造出景观中的某些特别的时刻。这些设计赋予人各种不同的活动场所——从开放的庭院到社区公园，再到更私密的可以冥想的私家花园。通过营造花园中的细微差别和含蓄的环境，设计应用间接或是细微的实践，置身其间，人们有各种机会感受惊喜并不断探寻其中的乐趣。重要的是要考虑到这些想法的目的不是为了再造一个传统的乡村，而是要综合传统乡村中许多值得保存的东西：如它的巧妙的形式、空间和比例的感觉以及创造一种场所与社区概念的能力。在项目开发的过程中，易道团队给自己提了一系列的问题，例如景观是否可以讲述一个故事？何时物业将发展成为一处社区？如何把传统的概念转换成现代的语言？目标就是要通过运用传统将这些关于美学、工艺以及想象力的概念和原型，为这些问题求得答案，从而营造出一连串精彩的景观曲目，即使该景致成为对传统的见证与回应。

俞孔坚——沈阳农业大学

2002年3月，位于中国北部的辽宁省沈阳市委任设计师为沈阳建筑大学在郊区建造一座占地80公顷的新校区。新校区规划的地方是一片水田，由于这里的气温低并且水稻生长期比一般中国南部的水稻生长期要长，所以米质特别好，故称为“东北大米”。所以校方决定在不破坏土壤的基础上保留现在的灌溉设施。这里土地造价低，每平方米约1美元，学校将大量资金投于32万平方米的新校区建筑上。在中国，建筑业必须在保护作物生长和不破坏土地使用的条件下进行。中国是一个拥有13亿人口的大国。在农村文化趋向文明的进程中，现可用耕地面积只有18%，中国濒临用尽可用能源的危险，所以设计理念依照种当地植物和庄稼作为景物，同时也为学习和研究提供了条件。这

农业大学稻田鸟瞰和总平面图

项设计使那些即将离开农村进入城市生活的学生对农村和土地的认识有所加深。

此外，经过精心设计安排，设计师也尝试使这些廉价多产的农业景观变为可用资源。主要包括：多产的校园稻田，不仅在校园内设计一小片开阔的稻田，而且还有完善的灌溉系统；校园内还有其他作物，比如每年都会环绕学校四周种植荞麦；校园内形成一条农作物小径。在农业大学中，每个人都会对农业有所了解，同时务农的过程也是对同学们能力的一种提高。

怀特别墅

怀特别墅坐落于郊外。客户希望建造一个花园式的隐居处——有着供她的孙儿嬉戏的水池，有着让自己和朋友休憩娱乐的场所——可以容纳25人左右。她还设想建造一个小屋，可以让她远方的孩子回来有一个属于自己的天地。

它的坐落点是路易斯安那州美丽的查尔斯湖畔，这里夏季气候湿热。客户要求从停车库通往别墅的走廊的风格能够与设计的风格相一致，并且希望走廊可以一直延伸到水池旁。对于杰弗瑞·卡波景观事务所来说，最大的挑战源于如何将客户所设想的变化多端的小路和遮盖区域与水池和客房融为一体，并且设计的景观要突出花园水池的美丽动人。计划中包括一个大水池，平均深度为4英尺，设有宽敞的阶梯和小温泉。水池圆形的弧线与建筑物的棱角分明形成强烈的视觉冲击力，相当富有震撼力。池边的流水如同一道小瀑布跌落入水池中，发出动听悦耳的叮咚声，宛如天籁。青石和回收利用的石板与草坪嵌格一起，组成了聚会娱乐的舞台。

上海九间堂

九间堂别墅项目位于浦东世纪公园东侧，南临张家浜河，北倚锦绣路，西靠芳甸路，为市中心高档纯独立式别

怀特别墅池塘景观和直观的总平面图

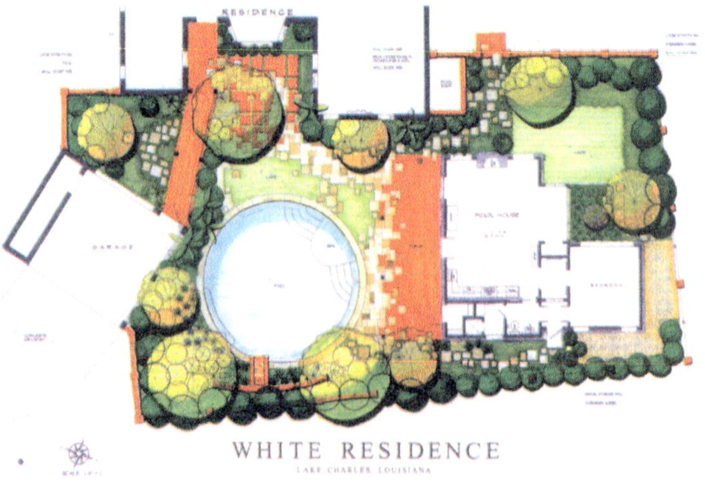

九间堂沿河的立面和景观处理

九间堂的沿河景观

墅社区。由五位顶级建筑师分别设计，在建筑布局、材料应用和内庭式园林三大中式要素中，尽情发挥自我，在整体风格一致的情况下，做到款款不同。

现代中式是九间堂的原创性定位。项目以提炼中式建筑符号作为母题，以白墙灰屋顶为主色调，在承接传统民居文化的核心要素的同时，充分运用现代手法，将传统生活的审美意境与现代生活方式实现有机的结合。

本项目对具有象征意义和实用功能的传统建筑细节进行了灵活的演变和继承，如用钢结构和混凝土框架结构更新木结构；用大面积连续玻璃幕墙替换木排门、木连门和折叠屏风；重新演变马头墙、山墙、垂花门、游廊、瓦当等具有象征意义和实用功能的传统建筑细节；通过半通透型院墙和篱笆与外景呼应，形成类似沧浪亭式的虚实衬托；为每一套客房专设庭院，保证主客双方的私密区间。

九间堂依照当代中国家庭的成员结构和对外关系的变化，将传统家庭集会功用的庭院转向休闲型和会客型功能，通过一系列设计手法，让中式园林显现出现代的舒适和惬意。

九间堂追求人、宅与自然的协调统一，按照不同的功能需要，适度穿插安置不同形式的厅堂、水榭。建筑物之间或用富于艺术气质的路径，或用曲折的小径连接。沿着这些道路，再巧妙地创造出具有不同景观的景点，一路走过，步移景异，在有限的范围里扩大了自然的空间。让园林中的山水植物和各种建筑所组成的空间不仅是一种物质环境，而且还是一种给予人们思想感悟的精神环境。

九间堂通往宅前的景观路

九间堂的庭院，呼应了入口处的铺地形式

块面洗练的石质平台和静寂水景，背景是大面积的洞石墙面

思考题

1. 为什么说现在流行的欧陆式景观几年后有可能被淘汰，自然生态式景观与其有何不同?

2. 在成功的景观作品背后的因素是什么，有何共同点?

3. 试着找出东西方园林的十大细节特征，比较它们之间的特点。

4. 第五园和九间堂的成功在哪里？为什么做出新中式风格的景观也会产生非常好的市场效应?

世界著名景观公司（机构）网址附录：

美国风景园林师协会 http://www.asla.org
俄亥俄州苗圃和风景协会 http://www.onla.org
景观设计网 http://www.landdesign.com
EDSA http://www.edsaplan.com
SWA http://www.swagroup.com
易道 http://www.edaw.com
欧洲景观规划建筑交流网 http://www.landscape-architecture.com
贝尔高林 http://www.beltcollins.com
英国阿特金斯 http://www.wsatkins.com
欧盟园林基金会 http://www.l-i.org.uk
全美景观承包联合会 http://www.alca.org
中国台湾景观专业网 http://ssl.green-mall.com.tw
全球景观咨询网 http://www.landscapeweb.com.tw
加拿大园林协会 http://www.csla.ca
澳大利亚园林设计及管理专业网站 http://www.aildm.com.au
英国园林学会 http://www.efla.org
新加坡园林学会 http://www.sila.org.sg
中国香港建筑师学会 http://www.hkia.org
日本公园网 http://www.jgarden.org
苏州景观园艺 http://www.gardening.com.cn
中国景观网 http://www.china-scape.com
北京大学景观规划设计中心： http://162.105.149.158
SWECO景观设计中心 http://www.sweco.se
Design Group http://www.designgroup.com
Peter Latz http://www.latzundpartner.de
Sasaki http://www.sasaki.com
中国台湾景观网 http://www.ohlandscape.com
土人景观网 http://www.turenscape.com/homepage.asp
中国景观在线 http://www.scapeonline.com/index2.htm
楚人景观网 http://www.churenscape.com
PWP (Peter Walker and Partners) http://www.pwpla.com
中国园林设计论坛 http://bbs.ourcg.cc
中国景观建筑人才网 http://www.lahr.cn
厄伊斯及怀特景观建筑事务所 http://www.luw.co.za
CRLA有限公司 http://www.crja.com
伍兹·巴戈特有限公司 http://www.woodsbagot.com
布罗德韦·马良景观事务所 http://www.broadwaymalyan.com
布兰图 http://www.szblt.com/cn/bltlandscape.htm
http://www.landscape.com/

第二章

景观设计详解

第二章 景观设计详解

第一节、 景观设计的构成

一、前期分析准备

一个好的设计概念离不开一个好的设计标书和设计前期的准备工作。本小节中，将重点阐述景观设计师在前期进行的准备——即分析评估景观项目需求以及人群的需求。设计很大程度上是一种解决实际问题的过程和行为。景观设计必须用一种满足功能的、和谐的方式来解决这些问题，为解决这些问题，便需要进行设计分析，包括场地分析和人群需求分析等。

具体来说，首先是规划布局和空间组织，包括地貌标高分析、坡度分析、地表水流方向分析、风向气候分析等，这样会为下一步设计工作提供依据。其次要对项目本身设施及周边公共配套布局有足够了解，具体包括道路系统、建筑风格特征户型、经济技术指标等。还有就是现状的植被分析，如有可能的话，就要尽量尊重当地的特色，最大限度保留现状地貌。一些有价值的植物和场地特征均可以被保留下来，这样做结果会维护一个健康的自然生态循环，同时也使得被设计项目富有特色和独具魅力，这点也是当今衡量成功景观作品的一个标志。

典型的经济技术指标

规划用地面积 Planning Area		14488	SQM
总建筑面积 Total Building Area		99978	SQM
地上建筑面积 Area Above Grade		69505	SQM
其中	住宅建筑面积 Apartments Area	63819	SQM
	商业建筑面积 Retail Area	5686	SQM
地下建筑面积 Area Below Grade		30472	SQM
建筑占地面积 Building Coverage		3528	SQM
容积率 Floor Area Ratio		4.8	FAR
建筑密度 Building Coverage Ratio		24.35%	
绿地率 Green Area Ratio		45%	
车位 Total Cars Amount		527	

某景区景观总平草图，根据现有指标，顺应地形依次考虑了四星级酒店、外围商业、大小独立酒店、高尔夫休闲、各类景点等区域的布局

如果场地分析在建筑设计和建造完成之前进行，所选的构筑材料就可以更好地与场地特征相协调。但现实情况是:景观设计师基本都是在建筑完工之后才开始参与设计的。于是建筑客观存在的一些问题也包括在景观设计师的任务内，我们在进行现场考察和场地分析时，必须着重考虑这些状况。一般而言,即使建筑施工质量较好，也不可避免要我们来掩盖某些建筑施工留下的瑕疵。

这里主要来具体说明景观前期分析控制要点。一个典型的住宅小区的实际状况如下:

1. 总平面布局和建筑风格，建筑间距等。
2. 经济技术指标(相当重要的参考数据汇总)。
3. 入口设置(今后小区人行、车行入口的位置)。
4. 组团及户型等产品组合关系。
5. 社区内和外围配套商业等情况（均要考虑入住时的使用问题）。
6. 景观种植等(考虑结合当地特色,做适当保留和筛选)。
7. 土方基本平衡(如改造地形的话,要尽量做到填，挖土方平衡)。
8. 场地处理和周边相关情况分析。
9. 管网组织和场地标高。
10. 车行道路(大体可以由景观师来改善道路系统)。
11. 首期可实施性和样板区设置等等。

参考使用这些场地分析的要点分析，场地分析和考察过程不应太匆忙，要留出充足的时间，才可能做出一个比较准确的场地评估；并开始形成设计思想,这样可节省大量时间和防止不必要的重复实地考察。应当在现场确定有关场地研究的所有途径，应从不同的角度来研究建筑的每个视线，还应记录各建筑单体之间的位置和交通状况。同时要拍摄一些现场照片以助于回忆场地和建筑物特征。这些照片还可以作为景观建成前后的对比。

现在就可以将从场地分析和人群需要分析中搜集到的所有信息，集中进行可行性研究，然后再设计。住宅小区业主需要的空间可能要比可利用的空间更多，应建成具有多功能的空间。在设计前期阶段，将所有矛盾摆出来要比后期发现问题再被动弥补好得多。一个好的人群需要分析常常有助于我们发现设计中的限制条件。

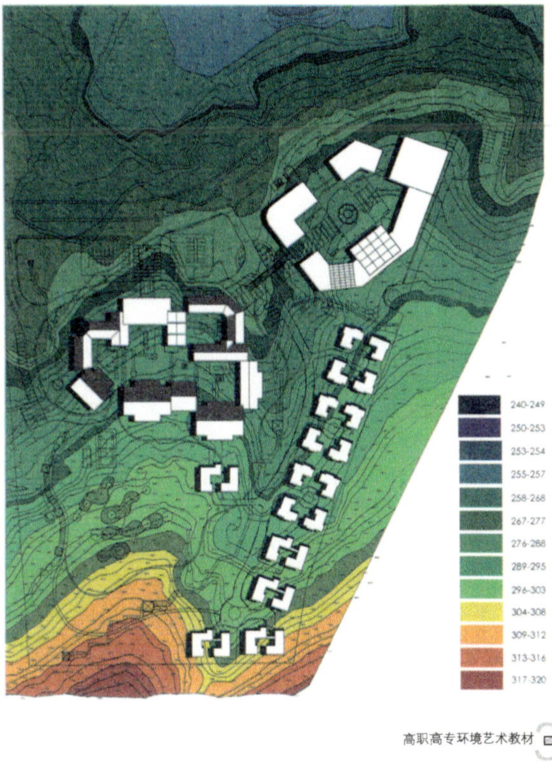

某风景区景观地形高程分析图，图上标示了景区的场地标高数据，用颜色来表示植被和地形高度关系，一目了然

设计分析对设计成功与否起到决定性的作用。如前所述，景观设计在很大程度上是一种解决问题的行为，解决问题的第一步是发现问题。当设计分析完成后，设计师对该场地和居住者有足够的了解，继而能够推测出尚未讨论的问题。在随后的设计过程中所产生的设计构思，现在就应该已经形成大致的概念了。

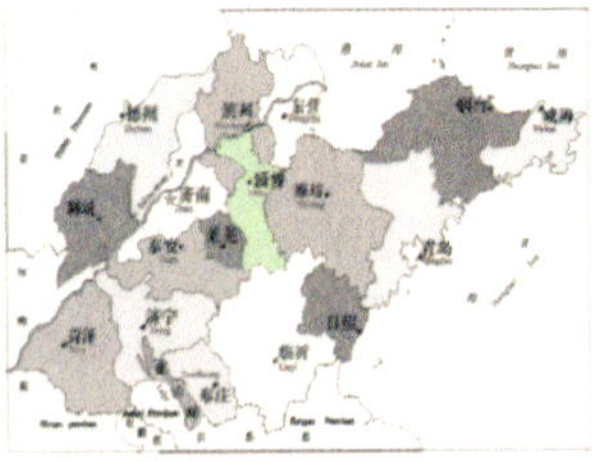

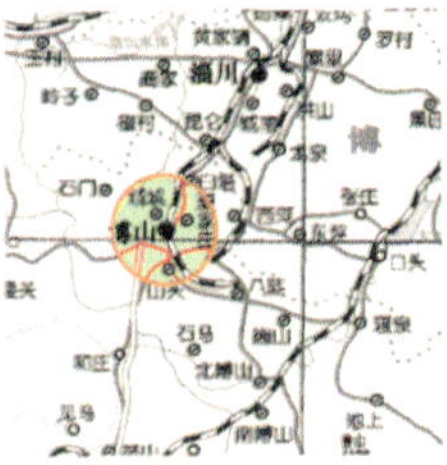

某风景区基地概况分析图，结合了资源、遥感、现场勘察和人文等资料背景

《景观设计项目任务书》包含以下内容：

1. 项目基础资料，包括项目概况及用地分析、综合经济技术指标及大致造价范围。

2. 总体设计方向及风格描述。

3. 设计范围：设计涉及的范围的详细描述，例如社区入口、围墙、庭院、架空层、标识系统等。

4. 确定景观设计内容：指各种景观功能区域的划分、活动设施的安排及要求等。

5. 提出设计成果要求：景观方案设计图纸目录框架。

先来介绍社区景观规划中常用的技术术语：

居住小区

一般称小区，是被居住区级道路或自然分界线所围合，并与居住人口规模7000—15000人相对应，配建有一套能满足该区居民基本的物质与文化生活所需的公共服务设施的居住生活聚居地。

居住组团

一般称组团，指一般被小区道路分隔，并与居住人口规模1000—3000人相对应，配建有居民所需的基层公共服务设施的居住生活聚居地。

住宅用地

住宅建筑基底占地及其四周合理间距内的用地，含宅间绿地和宅间小路等的总称。

道路用地

住区道路、小区路、组团路及非公建配建的居民小汽车、单位通勤车等停放场地。

小区级道路

上接小区路，下连宅间小路的道路。

组团级道路

一般用以划分组团的道路。

宅间小路

住宅建筑之间连接各住宅入口的道路。

公共绿地

满足规定的日照要求，适合于安排游憩活动设施的、供居民共享的游憩绿地，应包括居住区公园、小游园和组团绿地及其

他块状、带状绿地等。

公共活动中心

配套公共建设相对集中的居住区中心、小区中心和组团中心等。

道路红线

城市道路(含居住区级道路)用地的规划控制线。

日照间距系数

根据日照标准确定的房屋间距与遮挡房屋标高的比值。

建筑小品

既有功能要求，又具有点缀、装饰和美化作用的,从属于某一建筑空间环境的小体量建筑、游憩观赏设施和指示性标志物等的统称。

容积率

是每公顷居住区用地上拥有的各类建筑的建筑面积（平方米/公顷）或以总建筑面积(万平方米)与居住区用地（万平方

景观种植植被分析图

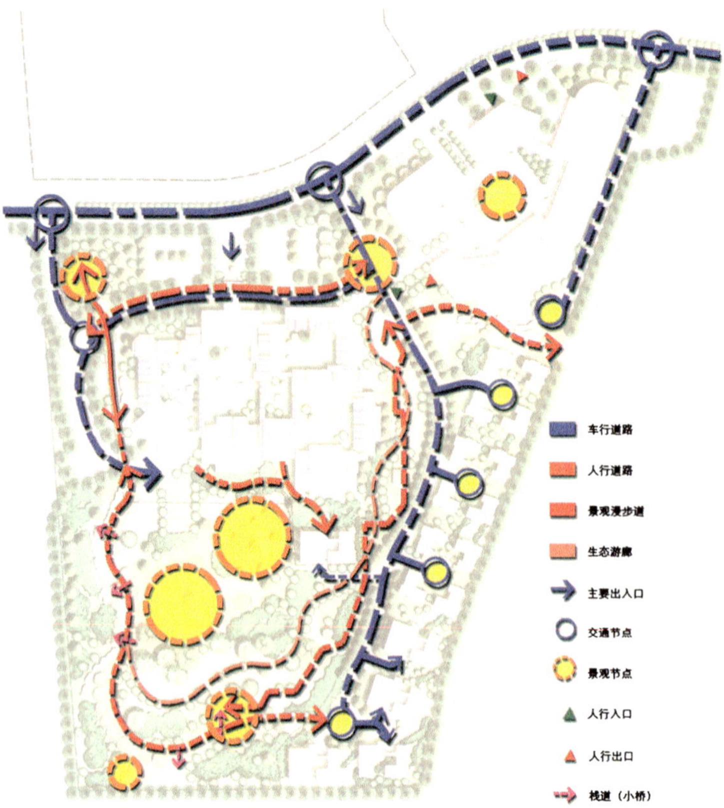

某风景区景观交通分析总平图，具体标示了景区人行、车行的路线、出入口交通、主次级道路脉络、各个节点等。总的来说，把商业广场、酒店建筑、景区之间的主次交通等动线关系表示得非常清晰

米）的比值表示。

绿地率

居住区用地范围内各类绿地的总和占居住区用地的比率。绿地应包括公共绿地、宅旁绿地、公共服务设施所属绿地和道路绿地，不应包括屋顶、晒台的人工绿地。

绿化覆盖率

地上栽植的全部乔灌木的垂直投影面积，以及花卉、草皮等地的植物覆盖面积占用地面积的百分比。

下面引用国家《景观设计师暂行职业标准》关于设计师设计前期准备的要求：

（一）接待、咨询、识读现状图、资料收集、现场勘察；

（二）小型项目咨询与商讨、编写设计任务书、参与现场资料分析；

（三）中型景观项目咨询与商讨、参与商务洽谈、编写项目建议书、资料综合分析、判读遥感图片；

（四）大型或重要景观项目咨询与商务洽谈、编写可行性研究报告、分析景观资源、分析研究人文社会环境等背景资料。

思考题：

1. 为什么设计前期要分析场地情况和项目需求等诸多要点？
2. 前期分析能够确定在今后设计过程中的什么问题？
3. 在场地分析中，所有建筑物特征都要仔细观察，为何在现场要多使用相机作记录？
4. 结合实际案例，列出好的场地分析应包括的步骤。

某风景区景观概念设计完成图，经过前几阶段的分析，形成了比较完整的总图

功能分布：
（一）. 博山大饭店
（四星级花园会议酒店）
（二）. 酒店配套商业
（三）. 小套独立式花园酒店
（四）. 大套独立式花园酒店
（五）. 贵宾接待楼

景区：
1. 入口主题生态公园
2. 竹林雅趣
3. 石海（岩石园）
4. 迷你高尔夫
5. 幽幽生态谷
6. 蜿蜒小溪
7. 运动休闲（网球中心）
8. 博大生活广场

景点：
A. 五园（a. 博园 b. 雅园 c. 可园 d. 怡园 e. 园中园）
B. 藤萝游廊＋休闲竹亭
C. 户外烧烤亭
D. 曲径通幽木亭
E. 观景石亭
F. 健康晨跑道
G. 闲庭信步漫游路
H. 健康木栈道
I. 风雨桥（廊架）
J. 环形步行路
K. 架立层生活小广场
L. 户外休闲广场
M. 望月亭茶座
P. 停车场

二、功能分区和道路交通系统

景观规划设计的依据是社会需要、功能要求和经济条件。规划设计必须遵循的原则是“适用、经济和美观”。

景观设计师必须利用好园区功能的空间，在完成空间分区后，要确定分区间道路系统的方法，以及路体的大小、形状、结构等。

在前面设计分析过程中收集的信息被分类整理后，设计师就应着手进行园区功能划分。如果景观中某个景区既满足实用功能又具有观赏性，那么设计目的便达到了。而园区内具有功能性的路线设计，某种程度上恰恰决定了各分区能否满足实用功能。在设计过程的最初阶段，对景观中各区域的考虑可能仅仅停留在它们的功能上。而后，由于环境和美学因素的引入，园林中的各区域才会被认为是由具体的墙体、廊架和地面围合的“户外空间”，这样，每个区域的边界也就会变得更为明确。在这个阶段，初期区域的划分，就好比在画图案，即按照分析标准确定各分区的大致尺寸和形状，并反复调整，以找出最合理的位置。

每个设计项目中所需要的分区取决于区域的功能组成：比如在大多数的住宅景观中，区域先被划为两个基本的功能区，即中央景区和公共活动区。公共区是园林中任何时候都暴露在公众视线之下的部分，具体则针对特定受众，如中老年活动区、儿童活动场地、卵石健身路、晨跑小径等等。

景区的划分将满足场地分析和人群需求分析所需要的空间，有助于设计师对各空间边界进行评估，同时也要注意满足这些功能分区要求的大小尺寸和大体形状，有关功能活动区的参数可在有关规划资料中找到。

日美历史广场的平草地和右侧抬高的地形变化体现了大气而又简洁明快的地形概念。有力的石景雕塑和柔和的樱花相映成趣

下面我们以常见的住宅小区为例:

首先从小区空间形态上进行合理规划,可以利用规划道路将小区用地分为几个大组团,以中央景观区为中心,连接各组团绿地,强调景观空间的贯通、流动,做到层次分明,以创造人性化的中心临水景观和强调空间景观节点的设计为原则。可在各个组团中心区周围布置部分水面,围绕水面栈桥、绿化草坡、亲水平台、树林、体育活动场地等,使之成为小区居民户外功能性活动及日常交流的平台。将小区的公共广场优先安排在小区路交会处,形成小区主入口广场以及入口等候休闲广场。使街头绿地既能发挥其休闲、美化环境的功效,提升小区主入口形象,又能很好地组织小区人流交通,形成各组团和城市的过渡空间。

在景观环境的营造上,结合绿地与硬质景观的曲直变化,以及环境小品等人性化设计,创造一个绿色的小区。小区组团绿地是中心广场的有效延伸,始终应体现与项目要求相符的设计风格。空间景观节点例如小区主入口广场、中心景观点等等的设计则更多地强调人性化的设计,从人的行为尺度和情感上进行细致入微的思考，力求创造一个舒适、亲切的社区景观环境。

道路交通分析流程

社区住宅常常有两种类型的道路：步行道和机动车道。充分考虑每一种类型是设计师的任务。

车道和停车场组成了居住区机动车辆的道路系统。通常这些道路在第一次看到场地时就已经存在了。即使这样，我们还是应该仔细研究。道路的长度和形状应取决于人群需求分析，然后根据设计需要进行必要的调整改造。车道必须满足各种车辆通行和转弯的需要,还应尽量降低费用。此外，还要求车道和停车场尽量隐蔽。大面积单调的硬质铺装会影响园区景观效果。具体请查阅规划有关车道和停车场的相应设计标准。

步行道包括主干道、次级路和园路。主干道最常用的是进入住宅的主要通道。例如，从街道通向前门的路就属于主干道，从行车道、停车场到大门的路也属于主干道。这些路的宽度应能容纳两个人并排行走，最小宽度不能低于1500毫米。因为它们常用，而且是在各种天气情况下，要被各种各样的鞋踏踩，所以应有一个硬实、安全且容易清扫的表面。

宅间路是住宅庭园中必需的，但并没有主干道那样高的使用频率，它们经常只供一个人行走。因为是单人使用，所以宽度只需600-800毫米。事实上，如果它们的宽度很小，它们在整个景观中并不突出。连接后院和前院或连接两个内院的路应考虑为次级路。虽然按着次级路的使用频率，它也需要硬质地表，但它比主干路更灵活，可以是分离的汀步石，也可以是大小不同的各类石块。

在设计步道时，设计者应该永远牢记交通是其主要目的。如果它们不能使人们从一个位置顺利通向另一个位置，那么设计就是不合适的。因此，在路的设计中也应反映这点。一条到处弯曲的道路在图纸上看上去虽然漂亮，但它却并不能充分满足功能，人们不见得愿走多余的弯路。

小区步道设计

交通是评价住宅和商业景观的关键因素。道路的通达与顺畅可以保障人们生活的方便与省时，而道路环境景观的优美则丰富了人们的精神享受。道路景观的设计要突出体现道路使用性质和功能，道路、建筑、广场应融为一体，充分发挥各组团的特色。景观设计师要认真分析社区周边交通及环境，确定合理的出入口及交通系统，既要方便实用的步行景观道，又要强调重点中轴线。主要车行入口和出入口布置要均匀，兼顾整个小区的交通联系与城市干道的关系，以及与周围环境道路的协调。

世界上最弯曲的景观街道——美国旧金山九曲花街，这段坡度非常陡的街道满是弯曲迂回的路况，利用长度换取空间减缓沿线的坡度，并且用砖块路面增加摩擦力

三、地形设计

景观设计中的要素包括地形、水环境、植被、构筑物等几个方面。

地形是指景观绿地中地表面各种起伏形状的地貌。地形目前较常用的表现方式有：等高线表示法和标高点表示法。

地形改造规划和土方调整设计

通过合理的土方调整设计，设计师能使场地具有合理的地表排水，从而满足景观的需要。土方调整包括各种程度的土方搬运。所有的土方搬运都必须按着土方调整规划实施。通常在住宅或小型商业区，排水和开发有效利用空间是土方调整设计最关注的核心。因地制宜。《园冶》曰：“高阜可培，低方宜挖。”充分利用原地形现状，严密计算挖填数量运距，减少工程量和运输量。

挖方与填方

土地调整是通过对现有地形实施挖方或填方来完成的。挖方是在原有等高线和规划等高线之间的区域内移走指定深度的土壤。填方是在原有等高线与规划等高线区域之间的原有等高线上填加指定量的土壤。

在一个土方调整规划里，设计的挖方与填方很容易就能被识别出来，尽量做到土方平衡，减少外运内送土方量。挖土与堆土，本身就是相互满足又省运距的措施，南缓北陡的坡度，也是符合推填的施工顺序。

充分利用原地表熟土，必要时应在设计中注明保存熟土的施工顺序要求。对原河塘腐泥，也应清塘利用。设计地形表面土层，要对深度、质量和机施程度有所要求，这对地形表面土层渗透排水，尤其对绿化种植的成活率大有影响。凡使用重型机械反复推辗过的山坡，土壤结构被破坏，即使种植穴加深放大，也难排水，必须注意。

地表排水

地表排水是土方调整设计中首先要考虑的问题。设计师要审查项目的地形图，察看多余的地表水是否可以适宜地流向所有的区域。否则，可以通过修改图纸上的等高线，使排水顺畅成为可能，与此同时也可进行其他的地形改造。任何长时间的降水积洼，都会在土壤下层形成一个饱水层，以至于最终导致草坪或植物生长不良，甚至导致地下室渗水。确保园址中所有的区域都有合适的排水，同时保证排水不能太快。在一块坡度较陡的地块上，快速流过的地表水很容易造成土壤流失，并且急速增加的水量也容易使洪水排放系统暂时排泄不畅。

只要记住相关原则，为满足地表排水而进行的等高线改造其实很简单。为了在规划中明确实施的土方调整，设计师常常用等高线表示将要实施的改造，以区别该点上原有的等高线。通过将

旧金山花街的坡有29度，长度不过400米，却有8折回环。弯曲的车道两旁修筑了许多花坛，让车辆绕着花坛盘旋行驶

地形图上原有等高线弯向新的位置，设计师即表达了在这个地点要进行的工程改造。

景观地形的作用

首先可以改善植物种植条件和形成多样性环境。利用地形自然排水，还可以塑造小气候的环境。背阴面和向阳面，都会对局部小气候有影响。

其次可以营造所需的各种地形环境，形成优美景观。园林用地原有地形、地貌是影响总体规划的重要因素，要因地制宜。地形设计既不能局限于原有现状，又要充分体现总体规划的意图。明计成在《园冶》里有一段话："约十亩之基，须开池者三，曲折有情，疏源正可；馀七分之地，为垒土者四，高卑无沦，栽竹相宜。"可供参考。

经济因素也要考虑，比如用1：2.5的坡度堆一个10米高的山，山顶上留30平方米地面，就要用13000立方米土。据估计，单是土方价约近50万元。如果堆高20米，土方就达10余万方了。高度增加一倍，土方量增了8倍。因此要掌握"地形"的数量和高度，主次分明，因地制宜，就地取材改造地形。

微地形中树的土层被垫高，以利排水

小范围内的丘陵，地形一般超过人的视线0.5至1.5米，就可以起到组合空间的作用，做到峰回路转，而所用土方并不一定多。余下的多数是平地。平地，并不是一览无遗，而是要有3%—5%的不同起伏坡度，在边缘地方，还可以有些小转折，才添趣味。

道路要在整个地形之中，要跟着地形、地貌上下曲折盘亘，而不是地形在道路两旁，互不关联。曲折蜿蜒的道路、入口，才符合人们的自然审美趣味。

地形提供了其他造园元素，材料立足生根之地，也只有各项元素相互配合好，景观方可熠熠生辉。我们常作如下比喻：

微地形中草坡的阴面和阳面

地——骨骼；水——血脉；道路——经络；建筑——眼睛；树木——毛发。这里把大自然比拟成通人性的有机体，按人的比例地位组合。这种环境空间的有机观念，与“天人合一”的宇宙观是密切相通的。

微地形的运用

应该充分发挥景观中自然的形象特征。突兀的岩石，起伏的小山丘，或一个生动有趣的地形起伏都能够增添景观价值，显示自然意趣。场地中的一个小山或小山丘就可能起到挡风、屏障或增加围合感的作用。它还能够为设计中将要建造的某一视觉焦点提供很好的背景。

当创造小土丘或微地形时，设计师必须十分认真谨慎，以避免露出人工斧凿之痕。因此，创造一个好的微地形往往是最费力的。

除了微地形的表面规划，还必须考虑它的维护，这是设计中必须要牢记的。微地形的边缘应该时常有波动起伏，以模仿自然中的典型特征。持续不断的统一，不变的斜坡会让人觉得没有变化。因此尽可能地使整个景观空间内的地形有所起伏是其周围典型地形特征的延续。

当设计一个微地形或一系列微地形时，设计师应该既考虑要使用的土方来源，又要考虑该区域的排水。在一个新建的场地内，可以利用那些将被运出场外的残土或者建筑地基下挖提供的大量残土。否则，如果微地形的创造全部需要通过填方来完成，那就需要运输大量的地表土。

微地形放置的位置不合适，就会形成坝，限制了水的排放。而地表水必须被排到区域外面。有时在构造微地形中，也常常使用挖沟排水，这样至少可以平衡一部分填挖方量。

合理地使用微地形可以创造出生动有趣的地形特征，而这些都可能直接影响到空间大小形状，并能提供高密度的防风、防

起伏地形同时较好掩盖了车库出入口，道路视觉上的变化也很丰富

噪音屏障。小的乔木或灌木树苗可以栽在微地形的侧面或顶部，使得它们更快地起作用和被观赏到。为此，微地形设计应该与其他园林景观改造同时考虑。

关于微地形最后要注意的是，微地形能够改变区域的小气候。对于一个相当大小的土丘，南坡和西坡的土壤，春季升温较快，而在秋季，温度保持的时间也较长。同时，东坡和北坡的植物生长期要比正常的相对短些。即使对于一个1.2米高的微地形，阳坡的草也要比阴坡的草早绿1—2周。因此，要依据小气候对微地形上的植物进行选择。同时，设计师应该把微地形看成是一个有利条件，因为与一个平坦的区域相比，它可以提供一个较宽的植物材料选择范围。如果忽视了这些小气候的影响，也会导致植物种植地点的选择错误，造成植物生长不良。

由于绿地抬高的关系，落差接近2米，可分为两段，按5级为一段，中间设缓冲的休息平台，这样的通道让人走起来比较舒服

土方调整的注意事项

道路结构（步道、车道等）沿着地形等高线方向，逐渐地从一个高度升至另一个高度，而不是与等高线方向垂直，往往会看起来比较舒服而且用起来比较方便。

作为一条散步道，其坡度不超过1:20，人们就会觉得很舒服。超过这个坡度，就应该加设台阶踏步。踏步舒适的台阶高度一般为12-18厘米。决定台阶高度的因素是台阶建造处的坡度。台阶踏步的规划通常在剖面图中进行，因此台阶可按照原有坡度绘制。

注意右侧的挡墙，中间通过条状黑色石材的变化，弱化了墙体的体积感，同时也起到指引路线的作用

当土地平整规划中碰到原有并需要保留在场地内的树木时，通常它们周围地面的工程必须有所改变。但地表6英寸以内的主根绝不能被砍断，更不能将树干填满。如果计划在其周围进行挖方，就必须在树木周围建造挡土墙或台阶以使其保持原高度。如果在树木周围进行填方，就要在树木周围建造无浆砌干石墙。如果可能，应使原高度的区域大致等于树冠投影，因为大部分的吸收根伸展在这个范围。

地下排水

降水的排放既发生在地表，也发生在地下。当降水在地表流淌时，其中的一部分就会被吸收到土壤中，最终使土壤达到饱和。之后，多余的水就必须通过地下排水管道排掉。岩层之间或不同土层之间存在着自然的排水管道，通过这些管道，多余的水被排放到提供给我们水源的地下水中，再通过水井泵出。这些管道，也可能连接到某一点，从这里，水又通过所谓喷泉被重新排放到地表的排水系统中。

如果一个排水区域比其周围区域低或最大垂直落差不能满足地表排放，就必须设计地下排水

步行道向右侧放坡度，水通过不锈钢的排水孔板流向下方的排水沟

步行道向左侧放坡度，水通过铸铁的排水孔板流向排水沟

系统。最简单的地下排放形式包括使用有孔的管道或瓦制管道，环以卵石作为基础排水系统。在这种情况下，卵石延伸到窄的排水沟的表面，使得地表水能通过松散的材料渗透到管线中。地下管线的坡度只需刚好能使水流走即可。由于管道是光滑平整的，因此，0.5%的坡度对于排水就足够了。

另外，蓄积的水必须排到一个地方，在那里它可以漏到有更多孔隙的土壤中或回流到表层排水系统中。

当下层排水量很大或速度很快时，就会带来大量的泥沙。这时就要把原先使用卵石的地方改为排泄区或沉降池。排泄区，即一个装有金属箅子的方形或长方形混凝土池，金属箅子可以阻挡流水中的能够导致阻塞的泥沙进入地下管道。较大的沉降池则是一个在地下管道入口下的深坑。淤泥和其他沉积物将沉淀到坑底而不是流入管道。沉降池在水土流失可能出现的地区非常有用，因为这些地区可能会有大量的泥土进入排水系统。

因为地下排水系统安装费用较贵，并且很难维修，因此只有当地表排水不能满足需要的时候才使用。从排水原地到排放地顺畅的管道是该系统的基础。总的来说，地下排水系统的坡度应该尽量小（2%或更小），否则当距离增加时，排水沟渠就更深，费用就会成倍增加。

思考题

1. 指出三种土方调整设计完成的方法。
2. 倾斜度与百分比坡度的区别是什么？
3. 当等高线弯向另一些较高的等高线时说明什么？
4. 当一个规划的等高线弯向原有的较低数值的等高线时，应实施什么样的土方调整？
5. 如果一个区域为10米宽、100米长，要填方的平均深度为2米，需要多少立方的土方？

以右侧横向的梯级水景和绿化种植丰富小区大门入口的形式，在整齐的几何造型中显出气势

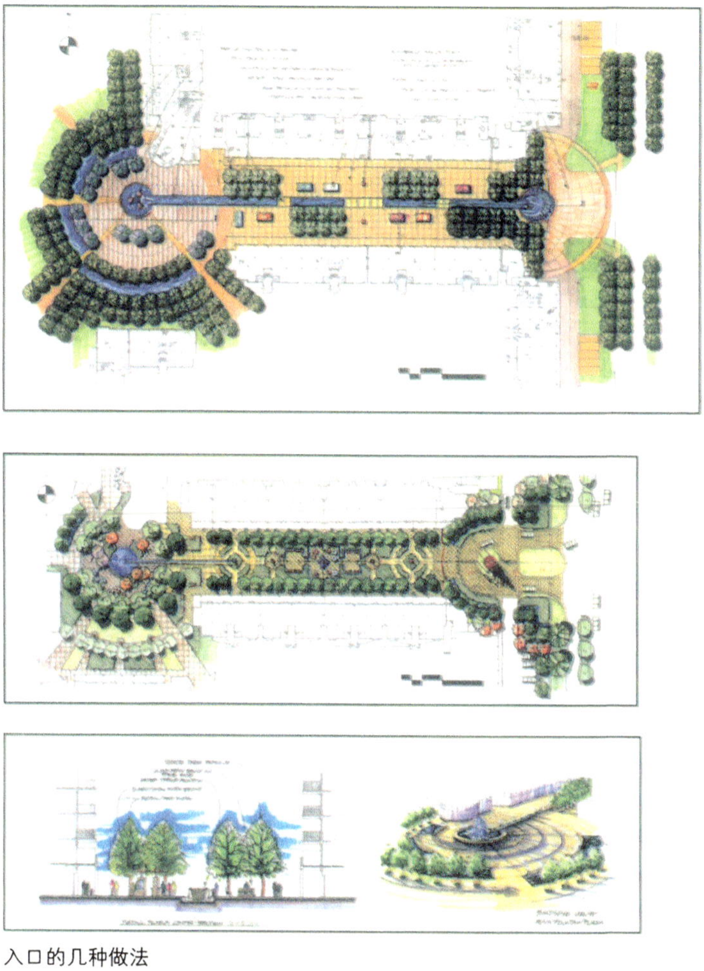

入口的几种做法

五、建筑小品

根据构筑物对营造景观所起的不同作用，可大致分为以下两类：(1) 风景游览建筑。大部分建筑小品都属此类，一般都具有一定的使用功能。如亭、廊、榭、舫、楼、阁、厅、堂、轩、斋、殿、馆等等。(2)庭园建筑。凡是能够围合成为庭院空间而形成独立或相对独立的庭园的建筑物均属此类。如：空廊、隔墙、景架等等。

亭

从造型角度分：有三角

星河湾欧式凉亭的顶部
透空植物图案装饰

广州星河湾的
石制欧式凉亭

攒尖顶亭；正方形、六角形、八角形的单檐或重檐攒尖顶亭；重檐攒尖顶亭，有两重或三重之分；有正脊的亭，可做成两坡顶、歇山顶、卷棚顶等形式；组合式亭，一种是两个或两个以上相同形体的组合，另一种是主体与若干个附体的组合半亭等。结构类型有竹亭、木亭、钢砼亭、石竹亭、钢砼及木混合亭等。其作用为：① 满足人们在活动中驻足休息、纳凉避雨、纵目眺望的需要；② 作为对景、借景、点缀风景。

廊

从廊的横剖面来分析，大致分成四种形式：双面空廊、单面空廊、复廊和双层廊；从廊的总体造型及其与地形、环境结合的角度考虑，又可把廊分成：直廊、曲廊、回廊、爬山廊、叠落廊、水廊、桥廊等。结构类型有竹廊、木廊、钢架廊、钢砼廊、钢砼及木混合廊等。其作用为：① 交通联系的通道；② 作为室内各处联系的“过渡空间”，增加建筑的空间层次；③ 提供一个遮阴、避雨、休息、赏景的场所；④ 用来划分空间、组织景区，又在廊墙之间形成肩部小空间，打破墙面的闭塞、单调，使虚实相间，景色渗透，增加风景深度。

花架

花架是建筑物和绿化植物的一体化，因其作用主要是承载藤本植物，当植物长得茂盛繁密时，它们往往被遮挡了，所以设计时不必过分强调其细部的做法，而应着重考虑植物长满后的整体景观效果及其与周边景物的空间层次关系。花架制作时多用混凝土、竹、木、金属等材料。采用竹、木制作时要注意其耐久性；而采用金属材料制作时则要考虑到一旦植物爬上架子，金属的维护是很困难的。另外，花架横条的间距一般不宜超过500毫米，太宽了不利于植物攀爬。装饰构架则是形似花架而不供植物攀爬，是以装饰为目的的一种构架，其设计不受植物生长的限制，而强调其自身的造型和与周围景物的关系。

表现形式有单柱双边悬挑花架、单柱单边悬挑花架、双柱花架等。结构类型有木花架、钢砼现浇花架、仿木预制成品花架、竹花架、仿竹花架、钢花架、不锈钢花架等。其作用为：① 供人歇足休息、观赏风景，在园林布局中如长廊一般，划分、组织空间；② 创造了爬蔓植物生长的生物学条件。

围墙

景观围墙有两种类型，一是作为景观周边、生活区的分隔围墙；一是园内划分空间、组织景色、安排导游而布置的围墙。这种情况在中国传统园林中是经常见到的。当今破墙透绿的例子比比皆是。这说明对围墙的要求正在起变化，设计围墙时要尽量做到能不设围墙的地方尽量不设，让人接近自然，爱护绿化。

自然的材料能达到隔离的目的，应尽量利用。高差的地面、水体的两侧、绿篱树丛，都可以达到隔而不分的目的。

要设置围墙的地方，能低尽量低，能透尽量透，只有少量须掩饰隐私处，才用封闭的围墙。

使围墙处于绿地之中，成为园景的一部分，减少与人的接触机会，由围墙向景墙转化。善于把空间的分隔与景色的渗透联系统一起来，有而似无，有而生情，才是巧妙的设计。

围墙的构造材料有竹木、砖、混凝土、金属。

竹木围墙是过去最常见的围墙，现已难得用。将成排竹子加以编织，成为活的围墙（篱），则是最符合生态学要求的墙垣了。

砖墙墙柱间距3-4米，中开各式漏花窗，是节约又易施工、管养的办法。

混凝土围墙一是以预制花格砖砌墙，花型富有变化但易爬越；二是混凝土预制成片状，可透绿也易管养。混凝土墙的优点是一劳永逸，缺点是不够通透。

金属围墙以型钢为材，断面有几种，表面光洁，性韧易弯不易折断，缺点是每2-3年要油漆一次。以铸铁为材，可做各种花型，优点是不易锈蚀又价不高，缺点是性脆又光滑度不够。以锻铁、铸铝为材，质优而价高，可局部花饰中或室内使用。还有各种金属网材，如镀锌网、镀塑铅丝网、铝板网、不锈钢网等。现在往往把几种材料结合起来，取其长而补其短。混凝土往往用做墙柱、勒脚墙。取型钢为透空部分框架，用铸铁为花饰构件。局部、细微处用锻铁、铸铝。围墙是长型构造物，长度方向要按要求设置伸缩缝，按转折和门位布置柱位，调整因地面标高变化的立面；横向则关及围墙的强度，影响用料的大小。利用砖、混凝土围墙的平面凹凸、金属围墙构件的前后交错位置，实际上等于加大围墙横向断面的尺寸，可以免去墙柱，使围墙更自然通透。

结合了水岸、木平台的廊架，侧面和顶端是玻璃，便于遮风挡雨

绿篱、木条和金属制成的围墙，感觉很生动

花岗石、涂塑栏杆背后绿篱半透的自然效果

特制有排水孔的挡土墙砖

挡土墙

挡土墙的形式根据建设用地的实际情况经过结构设计确定。从结构形式分主要有重力式、半重力式、悬臂式和扶臂式挡土墙，从形态上分有直墙式和坡面式。

挡土墙的外观质感由用材确定，直接影响到挡墙的景观效果。毛石和条石砌筑的挡土墙要注重砌缝的交错排列方式和宽度；预制混凝土预制块挡土墙应设计出图案效果。嵌草皮的坡面上需铺上一定厚度的种植土，并加入改善土壤保温性的材料，以利于草根系植物的生长。

挡土墙必须设置排水孔，一般为每3.2米设一个直径75毫米的排水孔，墙内宜敷设渗水管，防止墙体内存水。钢筋混凝土挡土墙必须设伸缩缝，配筋墙体每30米设一道，无筋墙体每10米设一道。

挡墙类型可分为：干砌石墙，墙高不超过3米，墙体顶部宽度宜在450到600毫米之间，适用于可就地取材处。预制砌块墙，墙高不应超过6米，这种模块形式还适用于弧形或曲形走向的挡墙。

栏杆/扶手

栏杆具有拦阻功能，也是分隔空间的一个重要构件。设计时应结合不同的使用场所，首先要充分考虑栏杆的强度、稳定性和耐久性；其次要考虑栏杆的造型美，突出其功能性和装饰性。常用材料有铸铁、铝合金、不锈钢、木材、竹子、混凝土等。

栏杆大致分为以下3种：

（1）矮栏杆，高度为30-40厘米，不妨碍视线，多用于绿地边缘，也用于场地空间领域的划分。

（2）高栏杆，高度在90厘米左右，有较强的分隔与拦阻作用。

木制栏杆、矮墙和攀缘种植植物围合出了一个富有自然气息的入口景观

（3）防护栏杆，高度在100-120厘米以上，超过人的重心，以起防护围挡作用。一般设置在高台的边缘，可使人产生安全感。

扶手，设置在坡道、台阶两侧，高度为90厘米左右，室外踏步级数超过了3级时必须设置扶手，以方便老人和残障人使用。供轮椅使用的坡道应设高度为0.65米与0.85米两道扶手。

围栏和栅栏

围栏、栅栏具有限入、防护、分界等多种功能，立面构造多为栅状和网状、透空和半透空等几种形式。围栏一般采用铁制、钢制、木制、铝合金制、竹制等。栅栏竖杆的间距不应大于110毫米。

围栏、栅栏设计高度如下：

功能要求	高度(m)
隔离绿化植物	0.4
限制车辆出入	0.5-0.7
标明分界区域	1.2-1.5
限制人员出入	1.8-2.0
供植物攀援	2.0左右
隔噪声实栏	3.0-4.5

组合了碎拼石材、特色灯具等的传统景墙

较现代的磨砂玻璃景墙

雕塑和小品

艺术能改变环境，这就是艺术拥有的魅力和魔力，从另一个角度来讲，一件艺术品随着所放置的场所的不同具有不同的解释。因为艺术作品并不是只有唯一的含义，而是与其环境结合产生新的含义。这样注重艺术与环境的相互连贯性被称为环境艺术，不同于把所有作品放在一个地方的传统博物馆，这是有生命的空间。

城市空间中，从构成要素的角度来看，雕塑与建筑、树木、装饰物相同，是构成都市的一种要素。但是与其他要素不同的是，雕塑没有特定的功能，所以在纯粹的空间中反而会成为城市焦点。因为复杂的都市空间没有焦点，所以会形成比较散乱的空间，但是雕塑会成为连接各种要素的母体。而且其连接体又包含树木、广场、纪念碑、塔、喷泉等多种要素，但是雕塑的纯粹性使之具有更为强烈的作用。

优秀的城市雕塑作品中，其作

新奥尔良雕塑公园里的汀步和雕塑令人印象深刻

大尺度的雕塑和座椅很好地融入了环境

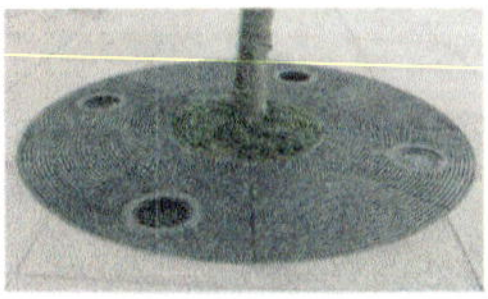
树池和树箅形式

品大小非常重要。等身长的大小或更小的作品使人感到亲近，超大型作品占据很大的空间并激活周围空间。将作品不用基座直接设置在地面上也能够增加其亲近感。作品的大小和规模决定于作品周围建筑的规模和空间的特性。

现代的超大型建筑会有配套的广场，雕塑能够使这两者连接起来。当作品相对单纯、大胆，具有明确形态时，会与环境很配，材料应该选择适合环境的、耐久性良好的。材料随着加工方法的不同会产生不同的效果，也能够烘托出景观的主题。

雕塑在景观中的作用：

1. 创造构成公共生活环境的、造型化的环境要素，使生活丰富多彩。

2. 设置所有人共同拥有的公共空间。

3. 在空间中起到点缀作用，也起到串连空间作用。

在景观设计中，雕塑属于小品的一种表现形式，也可以这样理解，它是重要景观点的点缀，起到渲染主题的作用。当今的景观小品已不是放置雕塑或者单纯地把空间关系塑造得美观和谐那么简单了，更多的是要把人与自然和小品本身融合在一起，同时更重要的是让观赏的人参与进景观中。

树池和树池箅

树池是树木移植时根球（根钵）的所需空间，一般由树高、树径、树根的大小所决定。树池深度至少深于树根球以下250毫米。

树池箅是树木根部的保护装置，它既可保护树木根部免受践踏，又便于雨水的渗透和行人的安全。

树池箅应选择能渗水的石材、卵石、砾石等天然材料，也可选择具

垃圾箱

饮水器

导游牌及路标

座椅

停车场

电话亭

景观中的城市家具

有图案拼装的人工预制材料，如铸铁、混凝土、塑料等，这些护树面层宜做成栅格状，并能承受一般的车辆荷载。

设施景观

设施景观主要指各种材质的公共艺术雕塑或者艺术化的公共设施，如垃圾箱、座椅、公用电话、指示牌、路标等。它们作为城市景观的一些小元素，是不太引人注意的，但是它们却又是城市生活中不可或缺的设施，是现代室外环境的一个重要组成部分，有人又称它们是“城市家具”。还有一些大的设施在人们生活中也扮演着重要角色，如运动场等。无论这些设施的大小，它们都已经越来越成为城市整体环境的一部分，也是城市景观营建中不容忽视的环节，所以又被称为“设施景观”。

按照设施景观的服务用途，可以将景观设施分为七类：

1. 休息设施 如座椅、野外桌等。
2. 服务设施 如电话亭、滩亭、邮筒等。
3. 信息设施 如标志、指示牌等。
4. 卫生设施 如饮用水栓、洗手洗脚设施、垃圾桶、公用厕所等。
5. 运动设施 如各类运动场、球场、高尔夫球场等。
6. 游乐设施 如儿童游戏设施等。
7. 交通设施 如分隔墩、隔离墩、路障、候车亭等。

景观设施的设计当然应该首先注重实用，同时其所设置的环境也是人们户外活动的场所，所以应该以适合、适用为原则。各项设施、设备应该以满足使用者的需求为主，在符合人性化的尺度下，提供合宜的设施和设备，并考虑外观美，以增加环境视觉美的趣味。必须要了解设施物的实质特征（如大小、质量、材料、生活距离等）、美学特征（大小、造型、颜色、质感）以及机

能特征（品质影响及使用机能），并预期不同的设施设计及组合、造型配置后所能形成的品质和感觉，确定发挥其潜能。

另外，设计中还必须考虑到设施的安全性，大型的运动设施应建造必要的围护。对于小型的设施应该把它们牢固地安装在地面或者墙上，保证所有的装配构件都没有被移动、拆卸的可能。

桥可连接两岸，也是景观装饰的一个看点

五、景观道路

这里所说的景观道路主要是指园路，即绿地景观中的道路、广场等各种铺装地坪。园路是景观不可缺少的构成要素，是园林的骨架、网络。园路的规划布置，往往反映不同的园林面貌和风格。例如，我国苏州古典园林，讲究峰回路转，曲折迂回，而西欧古典园林则讲究平面几何形状。

园路的功能

园路和多数城市道路不同之处在于，除了组织交通、运输，还有其景观上的要求：组织游览线路；提供休憩地面；园路、广场的铺装、线型、色彩等本身也是景观一部分，园路本身也成为观赏对象。

一般绿地的园路分为几种类型和尺度：

主要道路

必须考虑通行生产、救护、消防和游览车辆，宽7—8米。

次要道路。

沟通各景点、建筑，通行轻型车辆及人力车，宽3—4米。

不规则石板嵌草园路

休闲小径、健康步道

双人为1.2—1.5米，单人0.6—1米。健康步道是近来流行的足底按摩健身方式。通过行走卵石路上按摩足底穴位达到健身目的，且又不失为园林一景。

园路的铺装宽度和园路的空间尺度，是有联系但又不同的两个概念。而园路是绿地中的一部分，它的空间尺寸既包含有路面的铺装宽度，也有四周地形地貌的影响。不能以铺装宽度代替空间尺度要求。

一般景观绿地通车频率并不高，人流也分散，不必为追求景观的大尺度而随意扩大路面铺砌范围，减少绿地面积，增加工程投资。倒是应该注意园路两侧空间的变化，疏密相间，留有透视线，并有适当缓冲草地，以开阔视野，并借以解决节假日、集会人流的集散问题。景观中最为重要的是绿色植物景观，而不应

卵石健康小路

小广场的铺装

该是人工构筑物。

园路和广场的尺度、分布密度应该是人流密度客观、合理的反映。上述的路宽，是一般情况下的参考值。“路是走出来的”从另一方面说明人多的地方，如游乐场、入口大门等，尺度和密度应该是大一些；休闲散步区域，相反要小一些，达不到这个要求，绿地就极易损坏。现在很多规划设计，夸大铺砌地坪的作用，也导致终日暴晒，行人屈指可数，于生态不利，不能不说是一种弊病。

园路与地坪有乱石铺地、碎大理石冰裂铺地、砖花地、卵石铺地、青石板地坪、大理石地坪、花岗石地坪、小青瓦地坪，以及砖、卵石、卵石乱花纹图案铺地等。其本身是园景的组成部分，它影响着园林的形式、风格，可通过路面的起伏变化和各种材料的色彩组成达到成景效果。在绿地中设置的许多景点，就是用园路将其连起来。地坪是集中活动的场所，广场地坪由于面积较大，可适当安置健身器材，为集会、晨练提供了空间。

景观道路的线型

规划中的景观道路，有自由、曲线的方式，也有规则、直线的方式，形成两种不同的景观风格。当然采用一种方式为主的同时，也可以用另一种方式补充。不管采取什么式样，景观道路忌讳断头路、回头路。除非有一个明显的终点景观和建筑。

景观道路并不总是对着中轴、两边平行，一成不变的，它可以是不对称的。

景观道路也可以根据功能需要采用变断面的形式。如转折处不同宽狭、坐凳和椅处的外延边界、路旁的过路亭，还有道路和小广场相结合等等。这样宽狭不一，曲直相济，反倒使道路多变、生动起来，做到一条路上休闲、停留和人行、运动相结合，各得其所。

带有交通视线诱导性的花岗石路

通过不同的铺地材质来区分园路的各类功能

在天然条件好的景观用地，景观道路因地形地貌而迂回曲折，十分自然。而在条件并不太好的地区，为延长游览路线，增加游览趣味，提高绿地的利用率，景观道路往往设计成蜿蜒起伏状态，但是有的地区景观用地的变化不大，往往一马平川而根据不足。这时就必须人为地创造一些条件来配合园路的转折和起伏。例如，在转折处布置一些山石、树木，或者地势升降，做到曲之有理，路在绿地中，而不是三步一弯、五步一曲，为曲而曲，脱离绿地而存在。园林中曲与直是相对的，要曲中寓直，灵活应用，曲直自如。要做到："虽由人作，宛如天开。"

景观道路的交叉要注意几点：

1. 避免多路交叉。这样会导致路况复杂，导向不明。

2. 尽量靠近正交。锐角过小，会导致车辆不易转弯，人行要穿绿地。

3. 做到主次分明。在宽度、铺装、走向上应有明显区别。

4. 要有景色和特点。尤其在三叉路口，可形成对景，让人记忆犹新。

园路在山坡时，坡度应不小于6%，要顺着等高线作盘山路状；考虑自行车时，坡度不超过8%，考虑汽车是时，坡度应不超过15%；如果考虑人力三轮车，坡度还要小，坡度不超过3%。人行坡度不小于10%时，要考虑设计台阶。景观道路和等高线斜交，来回曲折，增加观赏点和观赏面。另外要安排好残疾人所到范围和用路。

青砖和花岗石的铺装

冰裂花岗石的铺装

苏布洛克砖和小料石的铺装

碎拼青石板间卵石的铺装

地面铺装

地面铺装和植被设计有一个共同的地方，即交通视线诱导（包括人流、车流）。这里植被设计被再次提起，无论是运用何种素材进行景观设计，首要的目的是满足设计的使用功能。地面铺装和植被设计在手法上表现为构图，但其目的是方便使用者，提高对环境的识别性。在明晰了设计的目标后，可以放心地探讨地面铺装的作用、类型和手法。

一般的道路铺装，通常采用块料，砂、石、木、预制品等面层、砂土基层即属该类型的景观道路。这是上可透气，下可渗水的园林——生态——环保道路。采用这种道路有很多优点，主要是基于下面几点考虑：

符合绿地生态要求，可透气渗水，极有利于树木的生长，同时减少沟渠外排水量，增加地下水补充。

与景观相协调，自然、野趣、少留人工痕迹，尤其是人工森林这种类型绿地，粗犷一些并无不当。

块料路面的铺砌要注意几点：

广场内同一空间，道路采用同一走向，用一种式样的铺装较好。这样不同地方不同的铺砌，组成一个整体，达到统一中求变化的目的。实际上，这是以景观道路的铺装来表达道路的不同性质、用途和区域。

一种类型的铺装可用不同大小、材质和拼装方式的块料来组成，关键是用什么铺装在什么地方。例如，主要干道、交通性强的地方，要牢固、平坦、防滑、耐磨，线条简洁大方，便于施工和管理。如用同一种石料，可变化大小或拼砌方法。小径、小空间、休闲林阴道，可丰富多彩一些，如我国古典园林。要深入研究道路所在的其他景观要素的特征，以创造出富于特色、脍炙人口的铺装来。明朝的计成在《园冶》中对此早有论述：“惟所堂广厦中，铺一概磨砖，如路径盘蹊，长砌多般乱石，中庭式宜叠胜，近砌亦可回文，八角嵌方选鹅子铺成蜀锦。”

块料的大小、形状，除了要与环境、空间相协调，还要适于自由曲折的线型铺砌，这是施工简易的关键。表面粗细适度，粗要可行儿童车，走高跟鞋；细不致雨天滑倒跌伤。块料尺寸模数，要与路面宽度相协调；使用不同材质块料拼砌，色彩、质感、形状等的对比要强烈。

园路是否放侧石，一般来说要依实而议定，看使用清扫机械是否需要有靠边；所使用的砌块拼砌后，边缘是否整齐；侧石是否可起到加固园路边缘的目的。最重要的，是园路两侧绿地是否高出路面，在绿化尚未成形时，是否须以侧石防止水土冲刷。

建议多采用自然材质块料。接近自然、朴实无华、价廉物美、经久耐用，甚至于旧料、废料略经加工也可利用为宝。日本有种路面是散铺粗砂，我国过去也有煤屑路面。碎大理石花岗岩板也被广泛使用，石屑更是常用填料。如今拆房的旧砖瓦，也是传统园路的好材料。

地面铺装的作用：

1. 为了适应地面高频度的使用，避免雨天泥泞难走。
2. 给使用者提供适当范围的坚固的活动空间。
3. 通过布局和图案引导人行流线。

地面铺装的类型(根据铺装的材质)：

1. 沥青路面：多用于城市道路、国道。
2. 混凝土路面：多用于城市道路、国道。
3. 卵石嵌砌路面：多用于各种公园、广场。
4. 砖砌铺装：用于城市道路、小区道路的人行道、广场。
5. 石材铺装。
6. 预制砌块。

整齐的亲水驳岸

结合木平台和规则石材的水岸

有趣的方石驳岸

地面铺装的手法在满足使用功能的前提下，常常采用线性、流行性、拼图、色彩、材质搭配等手法为使用者提供活动的场所，或者引导行人通达某个既定的地点。

景观构图的素材主要包括地形、地貌、水体和动植物等自然景观及其建筑、构筑物和广场等人为景观。突出主景常用的方法有：主景升高、中轴对称、对比与调和、动势集中、重心处理及抑景等。借景有远、邻、仰、俯借四种方式。

六、水景

园林水体

在住宅绿化中表现形式为喷水、跌水、流水、池水等。喷水有水池喷水、旱池喷水、浅池喷水、盆景喷水、自然喷水、水幕喷水等。跌水有假山瀑布、水幕墙等。

园林水体一般由钢砼作结构层，表面采用卵石、面砖、大理石等装饰材料；还有采用三元一丙式PRP油毡布作防水层，上铺素砼。最简单的水体是自然式泥底。

园林水体有以下几个作用：

1. 改善环境，调节气候，控制噪音。
2. 提供观赏性水生动植物的生长条件，为生物多样性创造必需环境。
3. 汇集、排泄天然雨水。
4. 防护、隔离，水面创造园林迂回曲折的线路，隔岸相视，可望而不可及。
5. 以开挖水面的土方，堆叠地形，减少土方运量。

各种生态莲花池形态各异

水是生物生存必不可少的物质资源。水在城市景观设计中具有重要的作用，同时还具有净化空气，调节局部小气候的功能。水对人有内在的吸引力。我们通常利用河道、水渠、海滨或内陆水体来创造休闲性步行道。它要沿着路径的节点、边界、停留空间和序列紧密结合。

水体设计是景观设计的重点和难点。水的形态多样，千变万化。景观设计大体将水体分为静态水和动态水的设计方法。静有安详，动有灵性。根据水景的功能还可以将其分为观赏类、嬉水类。

水体设计要考虑以下几点：

1. 水景设计和地面排水结合。
2. 管线和设施的隐蔽性设计。
3. 防水层和防潮性设计。
4. 与灯光照明相结合。
5. 寒冷地区考虑结冰防冻。
6. 水景景观以水为主。

水景设计应结合场地气候、地形及水源条件。南方干热地区应尽可能为居住区居民提供亲水环境，北方地区在设计不结冰期的水景时，还必须考虑结冰期的枯水景观。

自然水景设计必须服从原有自然生态景观，考虑自然水景线与局部环境水体的空间关系，正确利用借景、对景等手法，形成纵向景观、横向景观和鸟瞰景观，创造出新的亲水居住型态。

自然水景的构成元素——驳岸

驳岸是亲水景观中应重点处理的部位。驳岸与水线形成的连续景观线是否能与环境相协调，不但取决于驳岸与水面间的高差关系，还取决于驳岸的类型及用材的选择。

驳岸类型如下：

对居住区中的沿水驳岸（池岸），无论规模大小，无论是规则几何式驳岸（池岸），还是不规则驳岸（池岸），驳岸的高度、水的深浅设计都应满足人的亲水性要求，驳岸（池岸）尽可能贴近水面，以人手能触摸到水为最佳。亲水环境中的其他设施（如水上平台、汀步、栈桥、栏索等），也应以人与水体的尺度关系为基准进行设计。

规则形的小溪水流景致

自然形的小溪水流景致

涉入式小溪水流景致

庭院水景通常为人工化水景为多。根据庭院空间的不同，采取多种手法进行引水造景（如叠水、溪流、瀑布、涉水池等）。在场地中有自然水体的景观要保留利用，进行综合设计，使自然水景与人工水景融为一体。

庭院水景设计要借助水的动态效果营造充满活力的居住氛围。水景效果特点如下：

瀑布跌水

瀑布按其跌落形式分为滑落式、阶梯式、幕布式、丝带式等多种，并模仿自然景观，采用天然石材或仿石材设置瀑布的背景和引导水的流向（如景石、分流石、承瀑石等），考虑到观赏效果，不宜采用平整饰面的白色花岗石作为落水墙体。为了确保瀑布沿墙体、山体平稳滑落，应对落水口处山石作卷边处理或对墙面作坡面处理。

瀑布因其水量不同，会产生不同视觉、听觉效果。因此，落水口的水流量和落水高差的控制成为设计的关键参数，居住区内的人工瀑布落差宜在1米以下。

跌水是呈阶梯式的多级跌落瀑布，其梯级宽高比宜在3：2—1：1之间，梯面宽度宜在0.3—1.0米之间。

生态水池是适于水下动植物生长，又能美化环境、调节小气候供人观赏的水景。在居住区里的生态水池多饲养观赏鱼虫和习水性植物（如鱼草、芦苇、荷花、莲花等），营造动物和植物互生互养的生态环境。

水池的深度应根据饲养鱼的种类、数量和水草在水下生存的深度而定，一般在0.3—1.5米，为了防止陆上动物的侵扰，池边平面与水面需保证有0.15米的高差。水池壁与池底需平整。池壁与池底以深色为佳。不足0.3米的浅水池，池底可作艺术处理，显示水的清澈透明。池底与池畔宜设隔水层，池底隔水层上覆盖0.3—0.5米的厚土，种植水草。

圆形的户外小型泳池

溪流

溪流的形态应根据环境条件、水量、流速、水深、水面宽和所用材料进行合理的设计。溪流分可涉入式和不可涉入式两种。可涉入式溪流的水深应小于0.3米，以防止儿童溺水，同时水底应作防滑处理。可供儿童嬉水的溪流，应安装水循环和过滤装置。不可涉入式溪流宜种养适应当地气候条件的水生动植物，增强观赏性和趣味性。

入口视觉焦点——装饰多级水池

星河湾的中心景观水池

溪流配以山石可充分展现其自然风格，石景在溪流中所起到的景观效果如下：

溪流的坡度应根据地理条件及排水要求而定。普通溪流的坡度宜为0.5%，急流处为3%左右，缓流处不超过1%。溪流宽度宜为1—2米，水深一般为0.3—1米左右，超过0.4米时，应在溪流边采取防护措施（如石栏、木栏、矮墙等）。为了使居住区内环境景观在视觉上更为开阔，可适当增大宽度或使溪流蜿蜒曲折。溪流水岸宜采用散石和块石，并与水生或湿地植物的配置相结合，减少人工造景的痕迹。

别墅区入口处的喷泉水景

涉水池可分水面下涉水和水面上涉水两种。

泳池

水景以静为主，营造一个让居住者在心理和身体上的放松环境，同时突出人的参与性特征（如游泳池、水上乐园、海滨浴场等）。居住区内设置的露天泳池不仅是锻炼身体和游乐的场

水池细部做法

小型泳池，白色砾石模仿天然沙滩的感觉

大型倒影水景，镜面效果很强

水边步行道，很好地解决了交通问题

所，也是邻里之间的重要交往场所。泳池的造型和水面也极具观赏价值。

居住区泳池设计必须符合游泳池设计的相关规定。泳池平面不宜做成正规比赛用池，池边尽可能采用优美的曲线以加强水的动感。泳池根据功能需要尽可能分为儿童泳池和成人泳池，儿童泳池深度为0.6—0.9米为宜，成人泳池为1.2—2米。儿童池与成人池可统一考虑设计，一般将儿童池放在较高位置，水以阶梯式或斜坡式流入成人泳池，既保证了安全又可丰富泳池的造型。

池岸必须作圆角处理，铺设软质渗水地面或防滑地砖。泳池周围种植多种灌木和乔木，并提供休息和遮阳设施，有条件的小区可设计更衣室和供野餐的设备及区域。

人工海滩浅水池主要让人享受日光浴。池底基层上多铺白色细砂，坡度由浅至深，一般为0.2到0.6米之间，驳岸需做成缓坡，以木桩固定细砂，水池附近应设计冲砂池，以便于更衣。

装饰水景

装饰水景不附带其他功能，起到赏心悦目、烘托环境的作用，这种水景往往构成环境景观的中心。装饰水景是通过人工对水流的控制（如排列、疏密、粗细、高低、大小、时间差等）达到艺术效果，并借助音乐和灯光的变化产生视觉上的冲击，进一步展示水体的活力和动态美，满足人的亲水要求。

喷泉

喷泉是完全靠设备制造出的水量，对水的射流控制是关键环节。各种各样的喷泉有音乐喷泉、程序控制喷泉、旱地喷泉、雾化喷泉等。这类水景近年来发展速度很快，一般由以下几个方面构成：土建池体、管道阀门系统、动力水泵系统、灯光照明系统等。较大的水体或对水质观感要求较高的场所，还必须有水质处理系统。

倒影池

光和水的互相作用是水景景观的精华所在，倒影池就是利用光影在水面形成的倒影，扩大视觉空间，丰富景物的空间层次，

步行阶道的绿化设计

增加景观的美感。倒影池极具装饰性，可做得十分精致，无论水池大小都能产生特殊的借景效果，花草、树木、小品、岩石前都可设置倒影池。

倒影池的设计首先要保证池水一直处于平静状态，尽可能避免风的干扰。其次是池底要采用黑色和深绿色材料铺装（如黑色石材、沥青胶泥、黑色面砖等），以增强水的镜面效果。

平台、木板路和码头、亲水平台

为满足人们沿水边界行走或跨越水体的欲望，需要设计平台、木板路和码头等水边的构筑物支持亲水活动。

步行道水边界

步行道既是水边的路径(特别在海边)，又是边界空间，步行道是长而宽阔的边界，供娱乐、社会活动、步行、交谈、滑水等之用。它创造海与天的视平线。海滩休闲带、海边步行道的设计则受制于当地的气候。

湿地和滨水区

湖边和河边的湿地是野生植物和野生动物重要的栖息地。正因如此，由于湿地这种特性以及介于水陆之间的视觉特征，它经常成为休闲空间。自然的滨水区需要保护和细心管理。由于参观者的接近，在路径中人和野生动物会有冲突，为了保护脆弱的景观，应当通过引导人们到这种敏感性场所的周边或穿越水体和组织返回道路。

水边花坛、木平台、植物的亲水组合

七、灯光照明设计

室外景观照明的目的主要有四个方面：

1. 增强对物体的辨别性
2. 提高夜间出行的安全度
3. 保证人们晚间活动的正常开展
4. 营造环境氛围

近几年景观户外环境照明逐步完善，景观功能性照明还包括公园、小区、园林、绿化、宾馆内外的庭院、城市广场、街道雕塑、小品、广告等等，现已发展为城市环境艺术的综合性照明体系。

景观环境照明设计应遵循以下原则：

1. 环境原则：环境照明可选用的灯具形式较为广泛，尤其是近一两年进口灯具的涌入，可选范围更加丰富。但在环境照明设计中，灯型和光源的选用必须和灯具安装场所的周边环境风格一致，相谐相融。例如，小区景观布置、建筑风格形式、园林绿化植物品种等等诸多因素，都需综合考虑。因为环境照明灯具除夜间照明功能外，

滨水步道

景观照明杰作——美国纽约哥伦布交通枢纽中心的夜景照明

白天则必须体现点缀和美化环境的要求。

2. 安全原则：环境照明灯具安装场所是人们的日常生活、娱乐活动场所，因此对人的安全防护是第一位的。这就要求环境照明设计必须设有漏电保护和良好的接地系统。在设备选择上必须符合安全防护等级标准，施工中又必须按照规范严格把关，确保电气安全。

3. 合理原则：环境照明设计应依据各类景观的特点，必须风格一致，设计合理。白天点缀美化环境，夜间适度照明，避免出现盲区(暗区)，防止光污染。漂亮多变的灯光受到人们的喜爱，也给城市带来了欢乐的气氛。但有些地区和城市的环境灯具安装位置往往距居民楼太近，形成了光污染，影响了附近居民的生活。小区内灯杆太高或距居民楼太近，都会给居民造成光干扰。

道路照明

应与园内绿化、建筑风格特点相符(主要以功能性照明为主)，杆高定位在2.5—3米。因小区内路宽一般小于5米，灯具间隔一般在15米左右。绿地内小径一般宽2米左右，宜设高度800毫米草坪灯。但较高档次的小区依据道路两侧环境，在草坪上设置双向埋地灯，一侧步道照明，另一侧草坪照明，效果很不错。

夜景照明的效果

水下景观照明

目前兴起了不少旱喷泉，水下照明里灯光的变化会给喷泉增加色彩。我们在设计当中，宜用光导纤维来取代水下照明灯具。光纤灯具作为一种新型的照明器用于水景照明，较之水下灯有着不可替代的优点。首先，光纤灯具节省能源，一个150瓦光源发生器可带7个发光点，可取代7个水下灯(水下灯具每套为80瓦)。其次，由于光纤在水中，光源不在水中，这样就使它的安全性能大大提高。每一个光点能随意变换七种颜色，施工和维修都很方便，施工时只需与喷头固定在一起就可以了。

装饰照明

这几年装饰照明发展很快，如草坪照明、小品雕塑照明，树木、花草投光照明等，会着重表现出景园内环境的风格与特点。在实际做设计时，宜采用埋地嵌入式泛光灯，使人看不到灯具。在有行人的区域，灯具上应加装内置防眩光格栅。绿篱可矮而宽，为防止眩光，宜采用偏配

常用景观照明电光源主要特性比较及适用场合参考

光源名称特性	白炽灯	卤钨灯	荧光灯	荧光高压汞灯	高压钠灯	金属卤化物灯	管形氙灯
额定功率范围（W）	10-100	500-2000	6-125	50-1000	250-400	400-1000	1500-10000
光效（lm/W）	6.5-19	19.5-21	25-67	30-50	90-100	60-80	20-37
平均寿命（h）	1000	1500	2000-3000	2500-5000	3000	2000	500-1000
一般显色指数（Re）	95-99	95-99	70-80	30-40	20-25	65-85	90-94
色温（K）	2700-2900	2900-3200	2700-6500	5500	2000-2400	5000-6500	5500-6000
功率因数cos φ	1	1	0.33-0.7	0.44-0.67	0.44	0.4-0.61	0.4-0.9
表面亮度	大	大	小	较大	较大	大	大
频闪效应	不明显	不明显	明显	明显	明显	明显	明显
耐震性能	较差	差	较好	好	较好	好	好
所需附件	无	无	镇流器起辉器	镇流器	镇流器	镇流器触发器	触发器
使用场所	商店、橱窗	广场	室内	道路、广场	广场	游乐场、体育场	大面积场所

波士顿法院新闻广场，别致的座椅灯光细部

光埋地灯，灯具内加装内置式定向防眩光装置，采用5000K色温的光源突出绿化，并同道路照明的黄光形成对比。在有条件的环境，也可采用插针式投射灯。

光源选择

庭园道路照明光源一般采用金卤灯，效率高、显色性好、寿命长，但初期投资较高。草坪灯照明采用节能灯，装饰照明根据需照的景观选择金卤灯或白炽灯（反射型灯）。

新奥尔良雕塑艺术馆步行桥夜景，橡树和青铜雕塑堪称精彩之笔

思考题

1. 列举围墙的六种形式并结合实例分析。
2. 设计五种道路铺装式样，并注意结合比较与实际小区道路铺装的区别。
3. 水景与道路如何结合？一般来说大体有几种水景形式？
4. 考察两个小区的照明，细心体会和观察相关的数据，如灯的高度、间距等。

波士顿法院新闻广场庭院夜景

62

新奥尔良雕塑艺术馆入口广场夜景，亨利·摩尔的“躺着的母亲和儿童”雕塑位于中心位置

公园夜景——硫酸铜楼梯，青铜扶手和灌木巧妙地确立了具体周边场地界限

美国达拉斯的亨利·贝克公园夜景，西侧构筑物掩映在树木和喷泉中

加州大学伯克利分校，银灰色调的夜景

加州国际象棋公园综合墙照明，不同类型的灯具提供了独特的照明品质

照明分类及适用场所表

照明分类	适用场所	参考照度(Lx)	安装高度(m)	注意事项
车行照明	主次道路	10-20	4.0-6.0	应选用带光罩下照明；避免强光直射到住户屋内；光线投射到路面上要均衡。
	自行、停车场	10-30	2.5-4.0	
人行照明	步行台阶（小径）	10-20	0.6-1.2	避免眩光，采用较低处照明；光线宜柔和。
	园路、草坪	10-50	0.3-1.2	
场地照明	运动场	100-200	4.0-6.0	采用向下照明方式，灯具的选择应有艺术性。
	休闲广场	50-100	2.5-4.0	
	广场	150-300		
装饰照明	水下照明	150-400		应防水、防漏电，参与性较强的水池和游泳池使用12伏安全电压；应禁用或少用霓虹灯和广告灯箱。
	树木绿化	150-300		
	花坛、围墙	30-50		
	标志、门灯	200-300		
疏散口		50-70		灯具应设在醒目的位置；为了方便疏散，应急灯设在侧壁。
特写照明	浮雕	100-200		采用侧光、投光和泛光灯多种形式；灯光色彩不宜太多；泛光不应直接射入室内。
	广场	150-300		
	雕塑小品	150-500		
	建筑立面	150-200		

植物配置的对称与平衡、变化原则的应用

第二节 景观环境与绿化

一、景观绿化的地域特征

景观环境绿化的设计应坚持地域性原则，体现所在地域的自然环境特征，例如华东、华中地区和西北、西南地区是完全不同的自然地域。设计师要因地制宜地创造出具有时代特点和地域特征的空间环境，避免盲目移植，造成千篇一律的效果。还要懂得要尊重历史，保护和利用历史性景观，对于历史保护地区的住区景观设计，更要注重整体的协调统一，做到先保留后改造。

近来这方面的成功例子有很多，比如天津万科水晶城住宅小区景观设计在尊重城市文脉、尊重土地历史、尊重市场需求方面就发挥得淋漓尽致。

水晶城住宅外立面，围墙上运用了原来厂区烧制玻璃的耐火砖，因为可以大量得到

首先，在产品规划上尊重城市文脉，尊重市场需求。万科水晶城的规划汲取了天津五大道住宅区的退台、走廊、色调等代表城市风格的建筑元素。由于五大道早期建筑很受天津房产市场的青睐，所以对于水晶城立面的选择，采用比较沉稳的手法，与天津五大道的建筑不仅形似，而且更为神似。

其次，充分尊重土地历史，万科水晶城原址是天津玻璃厂地块，设计师在对水晶城进行设计时首先考虑了土地的历史因素，规划设计中以“工业文明”为主题，运用了一些对比手法，对天津玻璃厂地块的原有建筑进行有意识地筛选保留，从而将水晶城的设计定位为“被激活的历史”。

此外，水晶城的规划还充分尊重人性的尺度，借鉴了五大道街区道路的合理规划。一百多年前，给天津五大道进行规划设计的，都是当时欧洲非常优秀的设计师，他们将尊重人性的理念融入了五大道街区规划之中。

在水晶城建成之日，万科特地邀请了以前的玻璃厂老厂长作为嘉宾前来观礼，当老厂长看到社区中万科精心保留的老厂遗迹，特别是一面由原厂的玻璃熔渣拼接而成的景观墙时，想到自己拼搏奋斗几十年的历史被万科所保留，不禁泪流满面。这是人性中最为敏感的一个层面，也是现代快节奏的都市生活中往往被我们所忽视的人类基本情感。

保留原厂区铁路作为景观小品让人不禁遐想联翩

二、植物景观配置概念

植物景观是园林景观的重要组成部分。植物景观配置则是景观创作的重要组成部分。

景观是一种艺术。景观创作是一种艺术创作过程。

任何领域的艺术创作需要解决三个基本问题：

1. 用什么来创作？

2. 以什么方式来创作？

3. 创作结果要达到什么样的要求?

植物景观配置就是从植物要素特征（颜色、大小、质地、形态等）出发，利用一定的组织编排手法（重复、对比、对称、变化等），将其组合成与自然或人造硬质环境相融，具有一定美感，满足一定功能的整体植物景观画面。这种画面是随时间与空间动态变换的。需要强调的是：植物景观画面远不是各个要素或部分简单的集合，而是将它们通过一定技巧手法组织起来的有机有序并能表达一定情感或情节的整体。情感或情节是把创作与胡乱堆砌区分开来的最重要的标志。

植物景观配置的概念清楚地表达了以下几方面的内容：

1. 植物景观配置以植物元素的颜色、大小、形态、质地等为基本创作要素。

2. 植物景观配置通过对基本要素进行重复、对比、对称/非对称、节律、渐变、空间划分、几何形状等等来进行创作。

3. 结果要达到一定要求，满足一定的原则，如简单原则、统一与协调原则、平衡原则、重点变化原则、比例与尺度原则，更重要的是满足功能性原则。

三、植物景观配置的基本要素

植物景观配置的基本要素不局限于颜色、大小、形态、线条、质地和比例尺度等。因为这些基本要素的特征，植物被各自区分为个体或归并为类组。这些要素从来就不会彼此独立，而是交互作用成为一个整体。另外，要素特征的表述本身就与创作手法、创作原则要求密不可分。

植物颜色

在植物的四大要素特征中，颜色是植物十分重要的标识之一。

颜色可以改变真实物体的三维视觉大小，引导人们的视线，增加景观深度。亮色调如红、黄、橘红，让物体显得更显眼突出，使物体视觉上趋近。冷色调如绿色、蓝色和紫色，让物体视觉上趋远。灰色、黑色与白色属中性色彩，最适宜做亮色调的背景底色。白色则是最富功能性的色调，在不同的环境中表现不同，在全光条件时，灿烂而清新；在光度很低时，则具有神秘感。深色调低沉富有情感，而灰色比较轻松柔和。颜色可以用来引导人们的视线到一个特定区域，冷色调中的亮色调很容易吸引人们的眼球。如果要增加景观深度，可以用质地细致、亮色调的物体作黑色、质地粗糙物体的背景。对于暖色调，必须按照一定的顺序使用，色调必须依次平和渐

采用耐火砖的围墙和庭院铺地和环境很协调

植物配置节奏和重复原则的应用

植物配置主色调和其他配色的实例

用树皮做局部铺地背景，
效果非常明显

住宅入口处的植物配色比较亮丽，
气氛显得很活泼

变，例如，从红到橘红再到黄色。

在植物景观配置中，颜色配置是一个复杂而有趣的问题，从一个作品整体来说，要获得和谐的颜色配置，首先必须有一个占统治地位的主色调，我们一般称之为底色或背景色。如果没有特别要求，主色调一般是绿色，特殊情况下，淡黄色、白色、灰色乃至黑色也可。背景色既可是立面上的，也可是平面上的，平面与立面色彩背景在植物景观的不同发展阶段，重要性略有差异，在新建成的植物景观中，平面背景会相对重要一些，而等植物长大后，立面背景会逐渐重要一些。在植物配置的硬质背景中，黄色、白色、灰色乃至黑色比较常见。

背景颜色十分重要，我们既可以利用背景色来保持作品在颜色上的统一性，也可以利用背景颜色来影响我们的植物配置效果。比如说，地面用草坪作背景在一定程度上会淡化地面上植物的效果，而用松皮、松针或沙石做地面背景会突出地面植物的效果，植物的数量还可以适当地减少。

要使作品富有趣味、引人注目，色彩的变化是十分重要的，并且这种色彩变化是根据视线景观角度变换需求有序配置的：在前门与过道，宜用暖色调以示欢迎并获得舒适感；而在狭小空间里，为使空间显得大而开阔，宜用冷色调；如果要增加园林景观深度，可以用质地细致、亮色调的植物作黑色和质地粗糙的植物的背景；如果要获得宁静安详的空间，不妨多用冷色调；如果需要获得活泼的空间，宜多用暖色调；如果要增加景观幽远中的奇趣，可以用冷色调作背景，再点缀少量暖色调花卉。

颜色的变化有时间上和空间上的双重特性。相对来说，时间上的颜色变化比空间上的颜色变化来得有趣。某些空间上的固定颜色模式，比如说色块，其实就跟硬质景观的上漆一样，是僵硬的空间变化，它会丢失掉植物配置本身的意趣。

比如说，植物本身叶、花与干的四季色调变化，与预先设置的空间上的固定颜色变化模式相比要有趣得多。关于颜色变化，除非是想获得野花组合，否则色调的变化宜点到为止，不宜过多过乱。不过，关于这个问题，时间上的颜色变化模式会弱化很多。

植物景观配置的颜色一定要与环境背景颜色结合起来统一考虑。由于植物的变化特性，一定要在变化中，搞清楚需要突出的主要色彩。比如说，在黄颜色墙体前面栽植一排腊梅，设计者显然是为了使腊梅为主要景点，但墙体背景的黄颜色使得淡黄色的腊梅花趋于隐形。另外，要注意不要让背景的颜色喧宾夺主，从而使得被衬托的颜色不显眼。

棕色砾石铺地，看似随意散置的青石板和黄绿色的植物构成了绝佳的色彩效果

与其他特性不一样，颜色最好使用补充色或对比色以获得最佳效果。

更重要的是，不要希望将颜色作为唯一表达方式，它必须跟其他要素特征一起来表达。

植物大小即植物所占据的空间大小，是植物要素特征中最直接最现实的空间特征。它直接关系着园林景观空间的占据与划分，也关系到园林景观建造的时效性与经济性问题。

植物大小要素是一个具有变化特性的要素，所以植物设计上必须从两方面来考虑：一是植物成熟时的大小，二是植物初植时的大小。

植物成熟时的大小是植物配置过程中进行空间效果布局设计的主要依据。衡量植物大小的参数一般有三个：高度、幅度和干径（如果有的话）。自然情况下，这三个参数之间按照植物品种不同，有自己的相关比例关系。通常情况下，在植物景观配置设计中，幅度和高度的重要性要比干径大得多。植物初植时的大小是关系到及时效果要求、经济性及植物本身的特性的设计问题。

色彩鲜艳的草花在花镜底层形成了欢快的基调

构成要素的运用使得植物色彩本身成为点睛之笔

修剪的灌木造型组合，次序井然

植物形状与形态

景观中所有要素和物体的形状及其相对尺寸，及与其他元素的相互关系是设计中需要考虑的基本问题。

在设计实务中，形状十分重要。当重复使用该形状时，一种要素秩序被导入该景观中，一种重点或结构即可创立。然而，如果过度使用就会变得单调无趣，并显得人工化。另一方面，形状通常被用做补充加强，一座房子的竖直侧面通常可以用一个圆形的灌木和乔木来柔化。低矮形态的植物通过从植物面慢慢下降形成一种将建筑物锁扣在地的感觉。这也是现代建筑墙基种植的最初目的。特殊形状的植物，如枝条下垂的树或枝条扭曲的灌木，可以用来作为重点景致。极端情况下，修剪的树木还可以跟石雕一样醒目。

原则上，形状越极端或越特别的植物，越要作为一个孤植而不是群植来使用。并且背景越是平淡，其衬托特点越是明显。

形状也可以带动人的视线上下移动，圆柱状植物直觉上让你往上看，而低矮蹲伏的植物会让你视线望下。这个技巧经常用来使你的视线离开或趋向某个特定物体。园林设计中经常使用该类技巧。

规整的灌木绿篱使得石雕分外醒目

植物间也存在形态协调问题，比如香樟与水杉、垂柳与龙柏种植在一起很不协调，因为形态差别很大。有些植物跟别的植物很难搭配，适宜单独配置，比如说垂柳，这其实跟垂柳比较特殊的形态有关。通常所说的桃红柳绿，从形态协调角度考虑，其实是很难凑到一块儿的。有的植物很容易跟别的植物搭配，如大多数松树、草类等等。植物在形态要素上不仅要协调，还要有变化，不过变化最好是采用渐变方式。剧烈的变化，除非有足够的空间间隔，否则会导致不协调。

植物形态和雕塑非常协调

线条与质地

关于几何线条与形状，与其作为一种植物要素特征来解释，还不如说是一种植物景观配置的组织手法。

因为直线表现强烈的方向性、运动性，所以人们常用竖直或水平线状的植物群植来引导人们的视线到一个有趣点而避开难看的景致点。曲线使景观带有更多自然、温和、飘逸的效果。不规则直线会使作品显得精力十足。

需要说明的是，直线特性更多地用于建筑的特性之中，如路基、步道、通道。但越来越多的设计者会在草坪与重要植物群落的植物种植带间设计一条清晰的线条，种植带的地面背景跟草坪的颜色与质地材料都不一样，有时还特地用植物或其他醒目的材料镶边，这样能引起强烈的线条效果。

色彩鲜艳的各种花草配置

质地为植物外在所具有的粗糙或精细表象和整体气质的综

中央有直线形通道的花园

清晰的植物种植群落

各类花草质地肌理上的和谐统一

合，它是植物大小、表面视觉，叶、枝形态等的综合表现。从远处看，它是植物的整体视觉效果，光与阴影的效果是质地的重要组成部分。

一般说来，粗糙的质地易于察觉，能够远距离施加视觉影响，但当近距离观察时则会丢失这种视觉效果；细致的质地不宜远距离察觉，因为它很容易混入背景之中，但是近观时，则有许多有趣点显现出来。如果用细致植物作背景，而用粗糙植物作前景，植物景观必定显得深远，更有价值的是，空间会显得更大。

落叶植物的质地随季节而变。常绿植物全年质地基本相似。硬质材料的质地一般不随季节变换，并且选择面很宽。

质地过度一致会导致单调，比较可以通过变化获得，但须避免过多的变化，变化最好采用渐变方式。

另外，由植物质地所表现出来的整体气质也十分重要，两种相邻植物的气质、质地不能相差太大，否则会极不协调，比如说香樟与水杉。

不仅要注意植物间质地与气质相配，还要注意植物与环境间的质地相配。在某些质地比较细腻，空间又比较狭小的建筑环境中，如高档别墅，使用植物一定要十分注意。大量使用某些质地粗糙的植物如法国冬青时，会降低别墅的气质档次，而且空间也显得很压抑。

需要注意的是，植物的气质会随着植物的生长而发生变化，大多数植物的气质层次会随着植物长大而提高。

现实中，植物个体或群体是上述各个要素特征的综合，在进行植物元素取舍时，必然会遇到各个要素特征的交互作用而带来的困惑。一般来说，在解决交互作用问题时，我们必须根据功能设计需要，首先确定所选元素的要素特征的优先顺序。比如说，在开阔地用于遮阴的孤植木，形态与大小必是优先的考虑顺序，其次考虑颜色或其他要素特征。

整体性很强的植物质感

四、植物景观配置的基本手法

植物景观配置的基本手法主要有对称、重复、变化、对比、节奏、渐变等，只有合理地应用这些手法才能把千差万别的植物个体组合成满足一定要求的整体景观画面。

对称

所谓对称是指在景观轴线（不管是逻辑上的还是感觉上的）两边采用相同的植物配置方式。

对称是使得景观总体保持平衡的最佳手法，其次，利用对称可以容易地构造清晰的景观画面脉络。

重复中透着变化的韵律

整齐的轴线阵列中不乏变化和对比

通过种植的渐变向远方过渡

重复

反复使用同一种元素或同一种植物景观配置方式即为重复。

重复手法可以使得创造的景观保持某种稳定的结构，这种稳定的结构就是所谓景观秩序。它能使景观前后相关或连贯成为一个整体。

变化

变化是相对重复手法而言的。任何元素或植物景观配置方式乃至创作手法重复过多必定会导致单调，要避免单调，必须采用变化手法。

变化还有明变与暗变之分，明变是指直接利用不同植物元素在某一要素特征上的差异来达到变化目的。暗变是指利用同一植物要素特征在时间上的变化或不同植物元素的同一要素特征在时间上的差异来达到变化目的。

韵律、渐变和对比

节奏韵律、渐变和对比仍属变化手法范畴，只是变化的模式不同而已。节奏韵律是指变化按一定规律变化，要求具有韵律感，它能使创作的景观活泼有趣；渐变要求需要的变化属性在变化时要逐渐过渡，它能使创作的景观平稳协调；而对比则是变化的极端情况，是变化属性的急剧变化，用以加强特性突出。不过使用对比时一定要十分小心，因为在很大程度上，对比就是冲突的同义词。

五、植物景观配置的基本原则

作为一幅人为的创作作品，无论是在形式上还是内容上都必须满足一定的标准。植物景观配置在形式上必须满足简单、统一与协调、平衡、重点与变化、比例与尺度等原则，而在内容上则需符合功能性、主题与情节等原则。

形式大气简练的构成，
植被丰富而又和谐

统一中产生活泼有趣的变化，
轮廓非常生动

简单原则

简单原则要求植物景观配置主题鲜明突出，配置形式简练，脉络清晰连贯，元素一致性高。简单能带来宁静感，简洁明了的东西能带来轻松愉悦的感觉，简单能够显现大气。

简单的对立面就是复杂，复杂往往导致杂乱，导致无序。杂乱无序的作品会给人带来烦恼。

平衡原则

任何创作离不开平衡原则。在植物景观配置中，平衡原则是景观创作的精华。平衡能带来整体稳定感，平衡确定了景观脉络的秩序性，从整体上界定了作品的结构要求。正是有了整体的平衡要求，作品可以产生趣味，产生惊奇和激动点而整体上不会导致杂乱。对称配置是达到平衡的最重要方法。

统一与协调原则

在植物景观配置中，统一与协调原则乃是最重要的原则。

统一是指通过一种脉络线将作品的各部分或要素贯穿起来，从而形成一种整体感，这种整体感既可以是形式风格上的，也可以是主题内容上的。

协调是指各部分、各元素间乃至与环境间保持适配而不产生冲突。

要达到统一与协调原则的最简单方法就是选定一个元素作优势元素，要么是数量上，要么是空间上、分配上占据优势地位。

重点与变化原则

变化产生趣味，作品要活泼有趣，就必须有变化。从头至尾一成不变的作品将会非常单调沉闷。并且暗变比明变更有趣味，更能从变化中达到统一的原则。

沿着环形的卵石路有起伏和植物色彩有变化的表现

深圳罗湖口景观整齐和恰当的种植尺度

比例与尺度原则

由于具有空间三维特性，植物要素之间以及植物要素与环境要素之间必须保持一定的比例关系才能形成美感，确定什么是好的相关比例是比较困难的，只能去感觉。一般来说，感觉到差的空间比例比感觉到好的空间比例要容易得多。比如说，在普通别墅门前栽植很大规格的加那利海枣会使别墅显得小气；而在会所、小区比较豪气的大门前栽植棕榈，会使整个景观显得小气。

与硬体景观不同，植物景观配置的相关空间比例不仅要考虑三维空间关系，还要考虑到植物在时间上的三维变化。比如说，在上海的中小别墅里种植一些小规格的大乔木香樟是不适宜的。即便香樟现在的比例尺度没有大的问题，但它将来会长得很大，会使树体与别墅的空间比例严重失调。

有时植物景观的比例尺度关系反映在类别的配置上。比如说，大树适宜与硬质铺装、硬质覆盖物、良好的草坪、整齐的禾草、规格比较大且比较一致的灌木相配。

满足功能性原则

功能性原则是衡量一个作品是否适用的最终标准。满足不了功能，无论形式有多好，作品都是失败的。功能性原则不仅要满足环境美化这一中心要求，还要满足客户在时效及经济性等方面的要求。

澳洲社区水景旁植物种植的比例很恰当

主题与情节原则

主题与情节原则并非植物景观配置中不可缺少的组成部分，但具有主题和情节的作品不失为好的作品。它常能给作品增添文化因素，能带来更多趣味和紧凑的结构。

六、景观绿化的生态保健作用

随着现代社会的进步，人们已认识到改善环境、提高生活质量的重要性，如何改善环境是当前人类关注的热点问题。衡量环境质量的因素之一是绿化，它是城市“有生命的基础建设”，也可称之为“生态型的基础设施”，对环境起着调节温度、湿度，滞尘，净化空气，降低噪音与风速，改善小气候等作用。绿色景观在维护、恢复生态过程中起着不可替代的作用。为了建设人类永久生存的基础，使我们的地球成为人类安居乐业的美好家园，设计者应当不断地改造和创新住宅环境，以人为本、适应市场需求，摆脱纯观赏、求休憩等传统而单一的模式，注意绿化景观与环境功能相结合，强调景观环境的使用性、活动性、安全性、文

主题很明确、纯净的庭院景观佳作

化性、发展性的综合体现，这也是未来发展的新模式。

以生态学原理为基础

还是以住宅为例，目前，不少住区把绿地设计为欧陆风格的硬地广场，把室内的大理石地坪移到广场上，美其名曰“广场绿化组团”，占用了绿地面积，这种现象违背了生态学原理。环境景观设计的指导思想是以生态景观理论为基础。生态学研究的对象，是生物与环境之间的相互关系。

设计师应创造人与自然和谐共存的生态环境，合理地对土地资源、水资源、生物资源进行最佳利用，在保护自然系统的生物完整性的前提下，使建筑、道路、绿化、环境有机地结合。

使景观环境具有美学价值，形成环保绿化建设必须遵循生态学理论，掌握基本生态法则，以乔木为主体，构成乔、灌、草多层结构的组合，形成功能多样的植物群落，促使植物与动物、微生物之间相生共荣，保证“鸟道、虫道”畅通。鸟类有栖息地，以引导昆虫采蜜，以害虫为食料，可以使植物自然生长而不施化学农药。在植物群落中，配置胡颓子、罗汉松、苏铁等，增强植物吸收养分能力，可做到不施用化肥，从而保证在绿色环境中不污染空气、水、土壤，保护居民的健康。在景观区域中建立人、植物、动物、微生物和谐共生的新秩序，达到生态上的科学性、布局上的艺术性、功能上的综合性、风格上的地方性，以清洁的水体、清新的空气、保健的花木、百鸟的争鸣、蝶蜂的习舞，创造出都市里田园风光的新景观。

创造保健型绿色景观

如今，国内外对人类的身心健康、强身祛病、延长生命潜在价值等方面的研究更深刻了，国外不少地方还设置了香花医院、园艺医疗等，丰富多彩的植物，不仅能改善物质环境，而且还有益于调动人们的情绪，使人心平气和，促进健康。

景观绿化布局应当考虑到不同年龄阶段的人们，尤其要考虑设计区域内的各类人群的需求，因为在商业或住宅环境中，各类人群的需求和特点是不同的。例如：以保健为主体规划住区绿地系统，能够使居民出门见绿。在保健植物群落中，设置儿童游戏场与适合老年人棋弈、阅读、书报、进行体育活动的设施等，使之成为保健场所。植物能散发各种不同的气体，可通过肺部及皮肤进入人体，起到防病、强身、益寿的作用。有些保健植物能抑制和杀死病毒、细菌，如松柏类植物的叶散发出的气体，对结核病等细菌有防治作用；樟树散发芳香性挥发油，能帮助人们祛风湿、止痛等。进行绿化景观设计时，只有以生态、保健、美观为导向，才能建成一流的景观环境，充分体现以人为本的生态理念。

澳洲社区优美舒适的休憩环境

第三节　种植基本知识和设计常用植物

一、植物景观配置设计的基本流程

植物景观配置设计既是一门艺术又是一门实践性极强的技术。植物景观配置的最终结果是要解决下面几个问题：

1. 选什么样的植物？
2. 选多大植物？
3. 选多少种植物？
4. 如何搭配并布置到地面上？
5. 构成什么样的植物景观？

在实际工作中，植物景观配置在设计阶段的基本流程大致包括以下三个环节：

1. 植物景观类型的选择与布局
2. 各植物景观类型中植物个体的选择与布局
3. 植物景观类型的选择与布局

简单地说，植物景观类型就是植物群体配置在一起显现出来的外在表象类型。比如说，密林、线状的行道林、孤立的大树、灌木丛林、绿篱、地被、草坪、花镜等等。

植物景观类型的选择与布局设计就是把诸如各种植物景观类型而不是植物个体作为设计元素进行空间配置，设计师需要从整体上考虑什么地方该布置什么样的植物景观类型。

其次，植物景观类型的选择与布局源于功能的需要，即通常所说的功能性景观布局。功能的需要，比如说某个地方需要遮阴，某个地方需要用密林阻挡外部视线或隔离噪音，林阴道路、广场遮阴等等，是景观类型的选择与布局的基本考究。

作为设计元素，植物景观类型同样具有诸如颜色、大小、质地、形状、空间尺度等要素特征，植物景观类型是由多种植物组成的，它们的要素特征虽与个体的要素特征高度相关，但有时也会表现出与个体植物的要素特征完全不同的要素特征。

植物个体的选择与布局

整体植物景观类型布局选择完成后，就要开始进行各个植物景观类型的构成设计，即解决植物个体的选择与布局问题。植物个体的选择与布局问题主要要解决以下几个问题：

优雅的喷泉周围环绕种植着高绿篱、修剪小乔木和池塘莲花，令人赏心悦目

英格兰Mapperton花园内的植物布局和视觉搭配非常经典

植物品种选择

植物品种选择的一般程序如下：

首先根据植物景观类型布局图、植物景观类型统计表和植物景观类型构成分析表等资料，综合分析各景观类型的结构，确定植物类型及要求，制订植物类型及要求工作表。

然后分析确定配置场地的气候耐寒区和主要环境限制因子。根据场地的气候耐寒区、主要环境限制因子和植物类型及要求工作表来与植物数据库配对搜寻，确定粗选的植物品种。再根据景观功能和美学的要求，进一步筛选植物的主要次要品种和数量,原则上提倡多植物群落原则，但并非植物品种越多越好，杜绝拼凑。

以一般的小区来说，15-20个乔木品种，15-20个灌木品种，15-20宿根或禾草花卉品种已足够满足生态方面的要求。当然，国家有特别规定的，则按相关规定办理。

植物初植大小的确定

在国内，对种植植物的初植大小规格没有具体的标准规定。更多的是根据客户喜好和设计者的习惯来确定。有经验的设计者可以巧妙地利用一些美学的生态的手法来综合确定。为了满足及时效果的需要，可以采用一些技巧性的方法，如增加大灌木的数量，增加覆盖对比等等。在树体比例尺度的处理方面，应尽量缩短最大规格和最小规格植物的大小差距。

植物数量的确定

准确地说，植物数量确定问题是一个跟栽植间距高度相关的问题。一般说来，植物种植间距由植株成熟大小确定。在实际操作过程中，可以根据植物生长速度的快慢适当调整，但绝不能随意加大栽植密度。任何时候，采用加大栽植密度来获取即时效果的方法都是最愚蠢的方法。

在植物景观类型结构中的位置定位

根据各景观类型的构成和各构成植物本身的特性将它们布置到适宜的位置。

在上述这个设计过程中，这部分图纸一般是交由园林种植设计师来完成，设计师当然要基本了解这些基本原则和流程，实际过程中可较多地咨询有经验的种植设计师的意见。

设计师的主要任务涉及植物的美学外观设计和整体造型因素的控制与协调。

盒状的灌木造型里满是生机盎然的熏衣草和亚麻，品种和个体数量的选择都让人无可挑剔

二、植物种植设计的一般原则

进行景观种植设计，首先要从该景观绿地的性质和主要功能出发。

总体艺术布局上要协调

规则式景观植物配置多采用对植、行植，而在自然式景观中则采用不对称的自然式配置，充分发挥植物材料的自然姿态。根据局部环境和在总体布置中的要求，采用不同形式的种植形式，如一般在大门、主要道路、整形广场、大型建筑附近多采用规则式种植，而在自然山水、草坪及不对称的小型建筑物附近则采用自然式种植。

不同位置种植的植物形态、大小是不同的，这样才能创造出协调、多彩的景观。

考虑四季景色变化

景观植物的景色随季节而变化，可分区分段配置，使每个分区或地段突出一个季节植物景观主题，在统一中求变化。在重点地区、四季游人集中的地方，应使四季皆有景可赏，即使以季节景观为主的地段也应点缀其他季节的植物，否则一季过后，就显得极为单调。

欧洲传统园林的花瓣状的对称灌木造型，总体布局上和构图上很经得起推敲，白色的砾石地面勾勒出植物的色彩

全面考虑植物在观形、赏色、闻味、听声上的效果，配置植物要从总体着眼

在平面上要注意配置的疏密和轮廓线，在竖向上要注意树冠线，树林中要组织透视线。要重视植物的景观层次、远近观赏效果。远观常看整体、大片效果，如大片秋叶，近看才欣赏单株树型、花、果、叶等姿态。更主要的还是要考虑庭园种植方式的配置，切忌苗圃式的种植。配置植物要处理好与建筑、山、水、道路的关系。植物的个体选择，也要先看总体，如体型、高矮大小、轮廓，其次才是叶、枝、花、果。

选择适合的植物种类，满足植物生态要求

按照绿地的功能和艺术要求选择植物种类，例如行道树在满足主要功能蔽阴的同时，要求选择树干高、容易成活、生长快、适应城市环境、耐修剪、耐烟尘的树种。而绿篱要求选择上下枝叶茂密，耐修剪，能组成屏障的树种。种在山上的植物，要求耐干旱，并要衬托山景。水边植物要求能耐湿，且与水景相协调。在纪念性园林中，可以种些象征纪念对象性的树种和被纪念人所喜爱的树种等。要满足植物的生态要求，要使植物能正常生长，一方面是因地制宜，适地适树，使种植植物的生态习性和栽植地点的生态条件基本上得到统一；另一方面就是为植物正常生长创造适合的生态条件。选择植物应以当地乡土植物为主，也可采用引种驯化成功的外地优良植物种类或能够创造满足所要求生态条件的外地植物。

充分考虑季节色相变化的植物配置，疏密和轮廓线也控制得比较精细

别墅前树木的密度和品种配置很恰当，整体林冠线也控制得非常美观

种植的密度和搭配

树木种植的密度是否合适直接影响绿化功能的发挥，从长远考虑，应根据成年树木树冠大小来决定种植距离。如想在短期就取得好的绿化效果，种植距离可近些。一般常用快、慢长树适当配置的办法来解决远近期过渡的问题，但是树种搭配必须合适，要满足各种树木的生态要求，否则得不到理想的效果。

乔灌木形态和比例关系的分布

在树木配置上，还应兼顾快长树与慢长树、常绿树与落叶树、乔木与灌木、观叶树与观花树的搭配。在植物配置上还要根据不同的目的和具体条件，确定树木花草之间的合适比例，如纪念性公园常绿树比例就可多些。树木种植搭配时还要注意和谐，要渐次过渡，避免生硬。种植设计要考虑保留、利用原有树木，尤其是名贵古树，可在原有树木基础上搭配植物种植。

为了使绿化效果更好地体现出来，同时缩短景观形成的时间，在一些主要的景点常使用移植古树的方法。

三、乔灌木的种植设计

乔灌木都是直立性的木本植物，在景观绿化综合功能中作用显著，居于主导地位，在景观绿地中所占比重较大，是景观植物种植中最基本和最重要的组成部分，是园林绿化的骨架。

乔木树冠高大，寿命较长，树冠占据空间大，而树干占据的空间小，因此不大妨碍游人在树下活动。乔木的形体、姿态富有变化，枝叶的分布比较空透，在改善小气候和环境卫生方面有显著作用，特别是有很好的遮阴沉效果。在造景上，乔木也是多种多样的、丰富多彩的，从郁郁葱葱的林海、优美的树丛，到千姿百态的孤立树，都能形成美丽的风景画面。在园林中，乔木既可以成为主景，也可以组成空间和分离空间，还可以起到增加空间层次和屏障视线的作用。因乔木有高大的树冠和庞大的根系，故一般要求种植地点有较大的空间和较深厚的土壤。

轻巧灵活的灌木种植，配以草花和小乔木，组成了整体完整的植物群落

灌木树冠矮小，多呈现丛生状，寿命较短，树冠虽然占据空间不大，但正好在人们活动的空间范围，较乔木对人的活动影响大。灌木的枝叶浓密丰满，常具有鲜艳美丽的花朵和果实，形体和姿态也有很多变化，在防尘、防风沙、护坡和防止水土流失方面有显著作用。在造景方面，可以增加树木在高低层次方面的变化，可作为乔木的陪衬，也可以突出表现灌木在

在周围不同树种背景的依衬下，中央优美的孤植树成了视觉的焦点

花、果、叶观赏上的效果。灌木也可用以组织和分隔较小的空间，阻挡较低的视线。灌木尤其是耐阴的灌木与大乔木、小乔木和地被植物配合起来构成了主体绿化的重要组成部分。灌木由于树冠小、根系有限，因此对种植地点的空间要求不大，土层也不要求很厚。

种植的类型

孤植

孤植是指乔木的孤立种植类型。有时在特定的条件下，也可以是两株到三株，紧密栽植，组成一个单元。但必须是同一树种，株距不超过1.5米，远看起来和单株栽植的效果相同。孤立树下不得配置灌木。孤立树的主要功能是构图艺术上的需要，作为局部空旷地段的主景，当然同时也可以蔽阴。孤立树作为主景是用以反映自然界个体植株充分生长发育的景观，外观上要挺拔繁茂，雄伟壮观。

孤立树应选择具备以下几个基本条件的树木：

1. 植株的形体美而较大、枝叶茂密、树冠开阔，或是具有其他特殊观赏价值的树木。

2. 生长健壮、寿命很长、能经受住重大自然灾害，宜多选用当地乡土树种中久经考验的高大树种。

3. 树木不含毒素，没有带污染性并易脱落的花果，以免伤害游人或妨害游人的活动。

孤立树有相当重要的作用。孤立树种植的地点应比较开阔，不仅要有足够的生长空间，而且要有比较合适的观赏视距和观赏点。最好有天空、水面、草地等色彩既单纯又有丰富变化的景物环境作背景衬托，以突出孤植树在形体、姿态、色彩方面的特色。孤植树种植的位置主要取决于与周围环境的整体统一，可以种植在开朗的草地、河边、湖畔，也可以种植在高地、山岗上，还可以种植在公园前广场的边缘，以及园林建筑组成的院落中。

对植

对植是指用两株树按照一定的轴线关系作相互对称或均衡的种植方式，主要用于强调公园、建筑、道路、广场的入口，同时结合蔽阴、休息的功能，在空间构图上是作为配置用的。

在规则式种植中，利用同一树种、同一规格的树木依主体景物的中轴线作对称布置，两树的连线与轴线垂直并被轴线等分。规则式种植，一般采用树冠整齐的树种。在自然式种植中，对植是不对称的，但左右是均衡的。自然式对植是以主体景物中轴线为支点取得均衡关系，分布在构图中轴线的两侧，必须是同一树种，但大小和姿态必须不同，动势要向中轴线集中，与中轴线的垂直距离，大树要近，小树要远，两树栽植点连成直线，不得与中轴线成直角相交。

行列植栽的范例，参天的大树给树下休憩的人们带来了舒适和美感

丛植的树丛与溪石、地被类种植混合，生机盎然

行列栽植

行列栽植是指乔灌木按一定的株行距成排的种植，或在行内株距有变化。行列栽植形成的景观比较整齐、单纯、气势大。行列栽植是规则式园林绿地中应用最多的基本栽植形式，在自然式绿地中也可布置比较整齐的局部。行列栽植具有施工、管理方便的优点。

行列栽植宜选用树冠体形比较整齐的树种，如圆形、卵圆形、倒卵形、塔形、圆柱形等，而不选枝叶稀疏、树冠不整齐的树种。行距取决于树种的特点、苗木规格和园林主要用途，如景观、活动场所等。一般乔木采用3-8米，灌木为1-5米。

丛植

丛植通常是由两株到十几株乔木或乔灌木组合种植而成的种植类型。配置树丛的地面，可以是自然植被或是草地、草花地，也可以配置山石或台地。这种群体美的形象又是通过个体之间的组合来体现的，互相对比、互相衬托。选择作为组成树丛的单株树木条件与孤立树相似，必须挑选在蔽荫阴沉、树姿、色彩、芳香等方面有特殊价值的树木。

树丛作为主景时，宜用针阔叶混植的树丛，观赏效果特别好，可配置在大草坪中央、水边、河旁、岛上或土丘山岗上，作为主景的焦点。在中国古典山水园林中，树丛与岩石常设置在粉墙的前方、走廊和房屋的角隅，组成一定画题的树石小景。树丛设计必须以当地的自然条件和总的设计意图为依据，用的树种少但要选得准，充分掌握植株个体的生物学特性及个体之间的相互影响，使植株在生长空间、光照、通风、温度、湿度和根系生长发育方面都得到适合的条件，这样才能保持树丛的稳定，达到理想效果。

群植

组成群植的单株树木数量一般在20-30株以上。树群所表现的，主要为群体美，树群也像孤立树和树丛一样，是构图上的主景之一。因此树群应该布置在有足够距离的开朗场地上，如靠近林缘的大草坪、宽广的林中空地、水中的小岛屿、宽广水面的水滨、小山山坡、土丘等。树群主要立面的前方，至少在树群高度的四倍、树群宽度的一倍半距离上，要留出空地，以便游人欣赏。

树群种植的排列方式从空中鸟瞰比较壮观

群植规模不宜太大，在构图上要四面空旷，树群组合和每株树木，在群体的外貌上都要起一定作用。树群的组合方式，最好采用郁闭式、成层的结合。树群内通常不允许游人进入，游人也不便进

空中俯瞰成片林带的效果

疏林草地

入，因而不利于作蔽阴休息之用。

树群可以分为单纯树群和混交树群两类。单纯树群由一种树木组成，可以应用宿根性花卉作为地被植物。树群的主要形式是混交树种。混交树种群分为五个部分，即乔木层、亚乔木层、大灌木层、小灌木层及多年生草本植被。其中每一层都要显露出来，其显露的部分应该是该植物观赏特征突出的部分。乔木层选用的树种，树冠的姿态要特别丰富，使整个树群的天际线富于变化；亚乔木层选用的树种，最好开花繁茂或是有美丽的叶色；灌木应以花木为主；草本覆盖植物应以多年生野生性花卉为主，树群下的土面不能暴露。树群组合的基本原则是，高度采光的乔木层应该分布在中央，亚乔木在四周，大灌木、小灌木在外缘。

树群内植物的栽植距离要有疏密变化，要构成不等边三角形，切忌成行、成排、成带地栽植，常绿、落叶、观叶、观花的树木应用复层混交及小块混交与点状混交相结合的方式。树群的外貌要高低起伏有变化，要注意四季的季相变化和美观。

林带

林带在景观中用途很广，可屏障视线，分隔景观空间；可作背景，可蔽阴天，还可防风、防尘、防噪音等。自然式林带就是带状的树群，一般长宽比例为1：4以上。

自然式林带内，树木栽植不能成行成排，各树木之间的栽植距离也要各不相等，天际线要起伏变化，外缘要曲折。林带也以乔木、亚乔木、大灌木、小灌木、多年生花卉组成。

林带属于连续风景的构图，构图的鉴赏是随游人前进而演进的，所以林带构图中要有主调、基调和配调，要有变化和节奏，主调要随季节交替而交替。当林带分布在河滨两岸、道路两侧时，应成为复式构图，左右的林带不要求对称，但要考虑对应效果。

林带可以是单纯林，也可以是混交林，要视其功能和效果的要求而定。乔木与灌木、落叶与常绿混交种植，在林带的功能上也能较好地起到防尘和隔音效果。防护林带的树木配置，可根据要求进行树种选择和搭配，种植形式均采用成行成排的形式。

自然式的混合林带

林植（树林）

凡成片、成块大量栽植乔灌木，构成林地或森林景观的称为林植或树林。林植多用于大面积公园安静区、风景游览区或休、疗养区卫生防护林带。树林可分密林和疏林两种，密林的郁闭度达70-100%，疏林的郁闭度在40-70%，密林和疏林都有单纯林和混交林。密林单纯林应选用最富于观赏价值而生长健壮的地方树种。密林混交林具有多层结构，如林带结构，大面积混交密林多采用片状或带状混交，小面积混交密林多采用小片

典型的英式绿篱造型，美观实用

状或点状混交，常绿树与落叶树混交。密林栽植密度成林保持株行距2-3米。

疏林多与草地结合，成为“疏林草地”，夏天可蔽阴，冬天有阳光，草坪空地供游戏、活动，林内景色变化多姿，深受游人喜爱。疏林的树种应有较高的观赏价值，生长健壮，树冠疏朗开展，四季有景可观。

绿篱及绿墙

凡是由灌木或小乔木以近距离的株行距密植，栽成单行或双行，紧密结合的规则的种植形式，称为绿篱或绿墙。

1. 绿篱及绿墙的类型

根据高度可分：绿墙（160厘米以上）、高绿篱（120-160厘米）、绿篱（50-120厘米）和矮绿篱（50厘米以下）。

趣味生动的绿篱造型

根据功能要求与观赏要求可分：常绿绿篱、花篱、观果篱、刺篱、落叶篱、蔓篱与编篱等。

2. 绿篱的作用与功能

景观中常以绿篱作防范的边界，可用刺篱、高篱或绿篱内加铁刺丝。绿篱可以组织游人的游览路线，按照所指的范围参观游览。不希望游人通过的范围可用绿篱围起来。

景观中常用绿篱或绿墙进行分区和屏障视线，分隔不同功能的空间。这种绿篱最好用常绿树组成高于视线的绿墙。如把儿童游戏场、露天剧场、运动场与安静休息区分隔开来，减少互相干扰。在自然式布局中，有局部规则式的空间，也可用绿墙隔离，使强烈对比、风格不同的布局形式得到缓和。

作为规则式园林的区划线，景观中常以中篱作分界线，以矮篱作为花境的边缘、花坛和观赏草坪的图案花纹。

作为花境、喷泉、雕像的背景，景观中常用常绿树修剪成各种形式的绿墙，作为喷泉和雕像的背景，其高度一般要与喷泉和雕像的高度相称，色彩以选用没有反光的暗绿色树种为宜，作为花境背景的绿篱，一般均为常绿的高篱及中篱。

各种绿地中不同高度的两块高地之间的挡土墙，为避免立面上的枯燥，常在挡土墙的前方栽植绿篱，把挡土墙的立面美化起来。

3. 绿篱的种植密度

绿篱的种植密度根据使用目的，不同树种、苗木规格和种植地带的宽度而定。矮绿篱和一般绿篱，株距可采用30-50厘米，行距为40-60厘米，双行式绿篱成三角形叉排列。绿墙的株距可采用1-1.5米，行距为1.5-2米。

四、景观设计常用植物

乔木(常绿)

雪松,南洋杉,苏铁,龙柏,广玉兰,樟树,女贞,王棕。

乔木(落叶)

池杉,水杉,金钱松,落羽杉,合欢,红枫,银杏。

行道树

白杨,香樟,苦楝,栾树,榆树,梧桐,榕树,钻天杨。

爬藤类

蔷薇,忍冬,木香,紫藤,爬山虎,美国凌霄,藤本月季,油麻藤。

灌木类

冬青卫矛,海桐,石楠,紫叶小檗,金边黄杨,珊瑚树,红

针叶类

植物名称:南洋杉
科属名称:南洋杉科,南洋杉属
形态特征:常绿乔木,高可达60米,树冠尖塔形,树干粗壮、直立,树皮粗糙、横裂。既能忍受40℃的高温,也能耐得零下5℃的低温。

植物名称:雪松
科属名称:松科,雪松属
形态特征:常绿乔木,高达50米以上,胸径达3米,树冠圆锥形。在我国长江中下游一带生长最好。

植物名称:苏铁
科属名称:苏铁科,苏铁属
形态特征:常绿棕榈状木本植物,高可达8米,干直立。其生长适温为20—30℃,适合南方生长。

植物名称:龙柏
科属名称:柏科,圆柏属
形态特征:常绿小乔木,可达4米。喜充足的阳光,华南华北、亚热带均可生长。

植物名称:池杉
科属名称:杉科,落羽杉属
形态特征:落叶乔木,在原产地高达28米。树干基部膨大,在低湿地上生长者尤为显著。适合南方生长。

植物名称:水杉(中部)
科属名称:杉科,水杉属
形态特征:落叶乔木。高达50米,胸径2.5米,适合南方生长。

植物名称:金钱松
科属名称:松科
形态特征:落叶乔木,树高可达40米,胸径达1.5米,树干通直。树冠卵状塔形,雄壮美观。多生长于低海拔山区或丘陵地带,适宜温凉湿润气候。

植物名称:落羽杉(南方)
科属名称:杉科,落羽杉属
形态特征:落叶乔木。原产地高达50米,胸径可达2米,适合南方生长。

阔叶类

植物名称：广玉兰
科属名称：木兰科，木兰属
形态特征：落叶乔木。高达25米，胸径米。树冠卵形或近球形。树皮浅灰色，平滑。在我国华南地区生长最好。

植物名称：合欢
科属名称：豆科，合欢属
形态特征：落叶乔木。高达16米，树冠开展呈伞形，树皮灰棕色，平滑。分布于华东、华南等省。

植物名称：红枫(南方)
科属名称：槭树科，槭树属
形态特征：红枫为名贵的观叶树木，故常作盆栽欣赏。喜光，喜温暖、湿润气候，较耐寒。可在长江以南生长。

植物名称：樟树
科属名称：樟科，樟属
形态特征：常绿乔木，高可达50米，胸径4—5米。树冠庞大，呈广卵形，树皮幼时绿色，光滑，老时变为黄褐色或灰褐色，纵裂。适合南方生长。

植物名称：女贞
科属名称：木犀科，女贞属
形态特征：一般高6米左右。现为绿化用途，人工培育的高杆女贞主杆1.8米左右，它的叶革质而脆，卵形、宽卵形、椭圆形或卵状披针形，无毛。

植物名称：王棕
科属名称：棕榈科，王棕属
形态特征：常绿乔木，高10米以上。茎淡灰色，具整齐的环状叶鞘痕裂片条状披针形，软革质，绿色。适合南方生长。

植物名称：银杏
科属名称：银杏科，银杏属
形态特征：落叶乔木。高可达40米，胸径4米，树干通直。主要分布在山东、浙江、江西、河北等省。

植物名称：榉树
科属名称：榆科，榉属
形态特征：树高达15米；树皮灰色或红棕色；幼枝有白柔毛。叶厚纸质，长椭圆状卵形或椭圆状披针形，边缘有钝锯齿。分布在秦岭、淮河流域、长江流域至广东、贵州和云南。

花檵木，小叶黄杨。

地被类

过路黄，满天星，紫叶酢浆草，麦冬，萱草，鹅掌柴，八角金盘，铺地柏。

北方城市常用植物简介：

常绿乔木及小乔木

油松，白皮松，乔松，华山松，辽东冷杉，臭冷杉，白杆，青杆，红皮云杉，侧柏，桧柏，龙柏，雪松，杜松。

落叶乔木及小乔木

银杏，毛白杨，钻天杨，河北杨，泡桐，旱柳，馒头

行道树

植物名称：梧桐
科属名称：悬铃木科，悬铃木属
形态特征：落叶乔木。高达35米。树冠广展呈钟形。树皮灰绿带白色，成不规则薄片状剥落。南北各省都有栽培，为普通的行道树及庭园绿化观赏树。

植物名称：白杨
科属名称：杨柳科
形态特征：高5—10米。树皮灰白色，枝圆棒状，棕色或灰棕色，幼时有柔毛。分布广，北起我国辽宁南部、内蒙古，南至长江流域，以黄河中下游为适生区。

柳，绦柳，合欢，国槐，刺槐，红花刺槐，皂荚，山皂荚，洋白蜡，臭椿，千头椿，悬铃木，梧桐，栾树，板栗，槲栎，栓皮栎，蒙椴，糠椴，君迁子，柿树，元宝枫，杜仲，丝棉木，火炬树，小叶朴，核桃，榆，桑，玉兰，二乔玉兰，望春玉兰，杏，枣树，杜梨，楸树，梓树，桂香柳，暴马丁香，龙爪槐，海棠花，山楂等。

植物名称：樟树
科属名称：樟科，樟属
形态特征：常绿乔木，高可达50米，胸径4—5米；树冠庞大，呈广卵形，树皮幼时绿色，光滑，老时变为黄褐色或灰褐色，纵裂。花期4—5月，果期10—11月，适合南方生长。

植物名称：栾树
科属名称：无患子科，栾树属
形态特征：落叶乔木。高达15米，全国多有分布，而以华北较为常见，多分布在海拔1500米以下的低山及平原。

植物名称：榆树
科属名称：榆科
形态特征：高达25米。树干直立，枝多开展，树冠近球形或卵圆形。树皮深灰色，粗糙，不规则纵裂。产于我国东北、华北、西北、华东等地区。

植物名称：蒲葵
科属名称：棕榈科，蒲葵屈属
形态特征：常绿乔木，高达20米。树冠近圆球形，叶圆扇形，掌状浅裂或深裂，深及全叶1／4—2／3，裂片条状披针形，顶端长渐尖，深裂为二，并下垂，叶柄两侧具骨质钩刺，纤维甚多。

植物名称：钻天杨
科属名称：杨柳科，杨属
形态特征：落叶乔木，高达30米。树冠圆柱形。长枝的叶扁三角形，先端渐尖，基部宽楔形或稍圆，叶柄上部略扁无腺体。北方树种，分布在我国北部。

植物名称：苦楝
科属名称：楝科，楝属
形态特征：高达20米。树冠宽阔而平顶，小枝粗壮。皮孔多而明显，叶互生，2—3回奇数羽状复叶。苦楝在我国分布很广。黄河流域以南、华东及华南等地皆有栽培。

图2-142　　图2-146

爬藤类

植物名称：蔷薇
科属名称：蔷薇科，蔷薇属
形态特征：落叶灌木。植株丛生，蔓延或攀援，小枝细长，不直立，多被皮刺，无毛。果近球形，在中国北方大部分地区都能露地越冬。

植物名称：爬山虎
科属名称：葡萄科，爬山虎属
形态特征：落叶藤木。茎长10米以上。卷须短，多分枝，端具吸盘。基部心形，叶缘有粗锯齿。我国辽宁、河北、陕西、山东、江苏、浙江都有分布。

植物名称：美国凌霄
科属名称：紫葳科，凌霄花属
形态特征：落叶藤木。羽状复叶，有小叶7—15枚，叶椭圆形至卵状矩圆形，先端长尖，基部圆形或广楔形，叶面光滑，花期10月，分布于我国中部。

植物名称：忍冬
科属名称：忍冬科，忍冬属
形态特征：冬茎长可达9米，中空，多分枝，幼枝密生短柔毛。

植物名称：藤本月季
科属名称：蔷薇亚科，蔷薇属
形态特征：植株较高大。每年从基部抽生粗壮新枝，于二年生藤枝先端长出较粗壮的侧生枝。我国各地多栽培。性较耐寒(比原种稍弱)。喜光，喜肥，要求土壤排水良好。

植物名称：木香
科属名称：菊科，云木香属
形态特征：多年生草本。本品呈圆柱形或半圆柱形，直径0.5—5厘米。表面黄棕色至灰褐色，有明显的皱纹、纵沟及侧根痕。

植物名称：紫藤
科属名称：豆科，紫藤属
形态特征：落叶藤木。长可达30米，茎左旋性，小枝被柔毛。花期4-5月，果熟8-9月。华北地区多有分布，以河北、河南、山西、山东最为常见。

植物名称：油麻藤
科属名称：豆科，油麻藤属
形态特征：常绿木质藤本；粗达30厘米。茎棕色或黄棕色，粗糙；小枝纤细，淡绿色，光滑无毛。复叶互生，小叶3枚；顶端小叶卵形或长方卵形，宽5—7厘米，先端尖尾状，基部阔楔形；两侧小叶长方卵形。

落叶灌木

猬实，糯米条，金银木，锦带花，木本绣球，天目琼花等。

藤本植物

山荞麦，葡萄，中国地锦，美国地锦，紫藤，藤本月季，粉团蔷薇等。

竹类

早园竹，黄槽竹，筠竹，斑竹，苦竹，阔叶箬竹。

草坪及地被植物

野牛草，中华结缕草，日

灌木类

植物名称：冬青卫矛
科属名称：卫矛科，卫矛属
形态特征：常绿灌木或小乔木，高达8米，树冠球形。枝叶密生，枝绿色，平滑，小枝近四棱，叶倒卵状椭圆形，缘有钝齿，表面深绿色，革质光亮。

植物名称：海桐
科属名称：海桐花科，海桐花属
形态特征：常绿灌木或小乔木，高达3米。枝叶密生，树冠。叶多数聚生枝顶，单叶互生，有时在枝顶呈轮生状，厚革质狭倒卵形，顶端钝圆或内凹，基部楔形，有柄，表面亮绿色。

植物名称：金边黄杨
科属名称：卫矛科，卫矛属
形态特征：金边黄杨是黄杨科黄杨属常绿灌木，耐阴、耐干旱、耐寒。金边黄杨在园林色块中一年四季呈黄色，不落叶，在阴性条件也是这样。

植物名称：石楠
科属名称：蔷薇科，石楠属
形态特征：常绿小乔木，高达12米，树冠球形。树皮灰黄褐色，叶革质，长椭圆形至倒卵状长椭圆形，基部圆形或广楔形，边缘有疏生具腺的细锯齿，幼叶带红色，后渐为深绿色，光亮。

植物名称：紫叶小檗
科属名称：小檗科，小檗属
形态特征：叶深紫色或红色，幼枝紫红色，老枝灰褐色或紫褐色，有槽，具刺。叶全缘，菱形或倒卵形，在短枝上簇生。花瓣边缘有红色纹晕。浆果红色，宿存。花期4月，果熟期9—10月。

地被类 中高地被类植物40—80毫米

植物名称：萱草
科属名称：百合科
形态特征：多年生宿根草本。具粗壮的纺锤形肉质根，叶基生、条形、对排成两列，宽2—3厘米，长可达50厘米以上，花草细长坚挺，初夏开花，漏斗形，橘红色。

植物名称：鹅掌柴
科属名称：五加科，鹅掌柴属
形态特征：常绿大乔木或灌木，掌状复叶，小叶5—9枚，椭圆形，卵状椭圆形，长9—17厘米，宽3—5厘米，端有长尖，叶革质，浓绿，有光泽。

植物名称：八角金盘
科属名称：五加科，八角金盘属
形态特征：常绿灌木，常丛生。叶革质，掌状，7—9深裂，表面富光泽，背面淡绿色，由枝梢叶腋抽生球状伞形花序，花白色。浆果球形，紫黑色。

植物名称：铺地柏
科属名称：柏科，圆柏束
形态特征：常绿匍匐小灌木，枝条沿地面扩张，叶全为刺叶，3叶交互轮生，条状披针形，深绿色，先端渐尖，沿中脉有细纵槽。

地被类 低矮地被类植物10-30mm

植物名称：珊瑚树
科属名称：忍冬科，荚蒾属
形态特征：常绿灌木或小乔木，高达10米，叶革质，椭圆形至椭圆状矩圆形，长7-15厘米，顶端尖至近圆形，边全缘或不规则浅波状钝齿。

植物名称：红花木
科属名称：金缕梅科
形态特征：红花木为金缕梅科常绿灌木或小乔木。叶互生，革质，卵形，全缘，嫩枝淡红色，越冬老叶暗红色。呈顶生头状或短穗状花序，花瓣4枚，淡紫红色，带状线形。

植物名称：小叶黄杨
科属名称：黄杨科，黄杨属
形态特征：常绿灌木或小乔木，高达7米。树皮淡灰褐色；小枝具四棱脊，叶对生，革质，倒卵形、倒卵状椭圆形至广卵形，长2—3.5厘米，表面暗绿色，背面黄绿，均光亮。

植物名称：过路黄
科属名称：珍珠叶属
形态特征：金叶过路黄叶色四季金黄、形似马蹄、径匍匐生长、强阳光下叶色更黄，耐低温，抗逆性强，稍耐阴。矮生、贴地匍匐生长，长势旺盛。黄河以南地区可露地栽培。

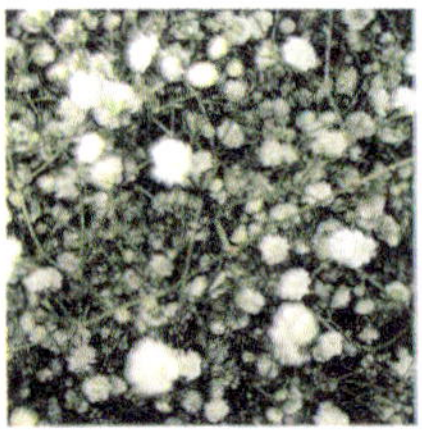

植物名称：满天星
科属名称：石竹科，丝石竹属
形态特征：为常绿矮生小灌木，其株高约为65－70厘米，茎细皮滑，分枝甚多，叶片窄长，无柄，对生，叶色粉绿。

植物名称：紫叶酢浆草
科属名称：酢浆草科，酢浆草属
形态特征：多年生宿根草本，具根状茎，根状茎直立，地下块状根茎粗大呈纺锤形。叶丛生，具长柄，掌状复叶，小叶3枚，无柄，倒三角形，上端中央微凹，叶大而紫红色，被少量白毛。

植物名称：麦冬
科属名称：百合科，沿阶草属
形态特征：须根较粗壮，根的顶端或中部常膨大成为纺锤状肉质小块。长10—30厘米，宽因品种不同粗细有异。花期5—9月。果蓝色，
四季常绿。

本结缕草，紫羊茅，羊茅，苇状羊茅，林地早熟禾，草地早熟禾，加拿大早熟禾，早熟禾白三叶，鸢尾，萱草，玉簪，麦冬，紫花地丁，蛇梅，蒲公英等。

南方城市常用植物简介：

常绿乔木及小乔木

黑松，马尾松，赤松，湿地松，五针松，北美圆柏，日本冷杉，日本扁柏，柏木，侧柏，云片柏，日本花柏，桧柏，龙柏，白皮松，罗汉松，雪松，柳杉，三尖杉，广玉兰，红茴香，厚皮香，桂花，女贞，香樟，檫木，红楠，紫楠，杜英，石楠，青冈栎，钩栗，苦槠，木荷，珊瑚树，杨梅，枇杷，大叶冬青，乐昌含笑，火力楠，深山含笑，华东楠，棕榈，水杉，莫西哥落羽杉，金钱松，银杏，广玉兰，薄壳山核桃，板栗，槲栎，枫香，乌桕，枫香，乌桕，水冬瓜，枫杨，南酸枣，黄连木，八角枫，鸡爪槭，红枫，青榨槭，苦楝，桑，柘，青桐，合欢，皂荚，枳俱，刺槐，国槐，龙爪槐，杜仲，榉树，朴树，珊瑚朴，油柿，喜树，刺楸，丝棉木，臭椿，天日木姜子，沙梨，东京樱花，杏，木瓜，紫叶李，海棠花，梅花，日本晚樱，碧桃，四照花，瓶兰花。

常绿灌木

铺地柏，翠柏，鹿角柏，干头柏，粗榧，南天竹，夹竹桃，栀子花，十大功劳，火棘，枸骨，红花油茶，云南黄

草花

植物名称：千日红
科属名称：苋科，苋科千日红属
形态特征：一年生草本，全株有灰色长毛。茎直立，分叉。叶对生；叶片长圆形至椭圆满状披针形，全缘，先端尖，基部渐狭成叶柄，两面有细长白柔毛。

植物名称：鸢尾
科属名称：鸢尾科，鸢尾属
形态特征：多年生宿根性直立草本，高约30-50公分。根状茎匍匐多节，粗而节间短，浅黄色。花期4—6月，云南、四川、江苏、浙江都有分布。

植物名称：矮牵牛
科属名称：茄科，碧冬茄属
形态特征：多年生草本，常作一二年生栽培，株高15-60厘米，全株被粘毛，茎基部木质化，嫩茎直立，老茎匍匐状。单叶互生，卵形，全缘，近无柄，上部叶对生。

植物名称：万寿菊
科属名称：万寿菊属
形态特征：一年生草本植物。茎直立，粗壮，多分枝，株高约80厘米。叶对生或互生，羽状全裂。裂片披针形或长矩圆形，有锯齿，叶缘背面具油腺点，有强臭味。

植物名称：美女樱
科属名称：马鞭草科，马鞭草属
形态特征：为多年生草本植物，常作1-2年生栽培。茎四棱、横展、匍匐状，低矮粗壮，丛生而铺覆地面，全株具灰色柔毛，长30-50厘米。

植物名称：宿根福禄考
科属名称：花荵科
形态特征：多年生宿根草本；茎直立，叶呈十字形对生，上部常呈3叶轮生。塔形圆锥花序顶生，花冠呈高脚碟状，先端5裂。原产美国东南部，现广为栽培。

植物名称：太阳花
科属名称：牛儿苗科，马齿苋属
形态特征：茎细而圆，平卧或斜生，节上有丛毛。叶散生或略集生，基部有叶状苞片，花瓣颜色鲜艳，有白、深、黄、红、紫等色。

植物名称：三色堇
科属名称：堇菜科，堇菜属
形态特征：一般茎高20厘米左右，从根际生出分枝，呈丛生状，四季可开花，云南、四川、江苏、浙江都有分布。

馨，含笑，瑞香，山茶花，黄杨，桃叶珊瑚，洒金珊瑚等。

落叶灌木

垂丝海棠，贴梗海棠，笑靥花，麻叶绣线菊，珍珠花，紫荆，腊梅，木芙蓉，现代月季，欧丁香，石榴，毛白杜鹃，云锦杜鹃，木本绣球，蝴蝶树牡丹，无花果，金银木等。

竹类

孝顺竹，苦竹，箬竹，毛竹，菲白竹，桂竹，凤尾竹，慈竹，斑竹，刚竹，淡竹，紫竹，罗汉竹，龟甲竹。

藤本植物

紫藤，络石，薜荔，地锦，木香，雀梅藤，木通，三叶木通，藤本月季，中华常春藤，洋常春藤，常春油麻藤。

草坪及地被植物

狗牙根，假俭草，结缕草，细叶结缕草，中华结缕草，马尼拉结缕草，草地早熟禾，早熟禾，匍茎剪股颖，小糠草，紫羊茅，双穗雀稗，山麦冬，宽叶麦冬，沿阶草，石菖蒲等。

第三章

景观设计实战篇

第三章 景观设计实战篇

第一节 方案阶段（前期准备）

一、接受设计任务、基地实地踏勘，同时收集有关资料

作为一个建设项目的业主(俗称“甲方”)会邀请一家或几家设计单位进行方案设计。

作为设计方(俗称“乙方”)在与业主初步接触时，要了解整个项目的概况，包括建设规模、投资规模、可持续发展等方面，特别要了解这个项目的总体框架方向和基本实施内容。总体框架方向确定了这个项目是一个什么性质的绿地和绿地的服务对象。这两点把握住了，景观前期规划总原则就可以正确制订货了。另外，业主一般会选派熟悉基地情况的人员，陪同设计师至基地现场踏勘，收集规划设计前必须掌握的原始资料。这些资料包括①所处地区的气候条件，气温、光照、季风风向、水文、地质土壤(酸碱性、地下水位)；②周围环境、主要道路、车流人流方向。③基地内环境，湖泊、河流、水渠分布状况，各处地形标高、走向等。

项目前期的基地现场分析

设计师结合业主提供的基地现状图(又称“红线图”)，对基地进行总体了解，对较大的影响因素做到心中有底，今后作总体构思时，对不利因素加以克服和避让，对有利因素充分合理地利用。

二、方案立意与设计构思

方案立意是对各方的设计资讯的初步分析总结,对将进行的设计内容精心明确的组织,也是给予设计一个方向性的初步判断。在这个阶段,我们会明确如设计的核心、文化背景、时代主题，设计理念、目的和要求等宗旨性表述，能够让我们有一个大的框架，沿着这个框架进行初步及更为深化的设计,也使其更具故事性、情节性,更恰当地表达设计的内容。

设计构思是一个景观设计最重要的部分，也可以说是景观设计的最初阶段。从学科发展方面和国内外景观实践领域来看，景观设计的含义相差甚大。我们这里强调“大景观”的概念认为，景观设计是关于如何合理安排和使用土地，解决土地、人类、城市和土地上的一切生命的安全与健康以及可持续发展的问题。它涉及新城镇、邻里和社区规划设计，公园和游憩规划、交通规划、校园规划设计、景观改造和修复、遗产保护、花园设计、疗养及其他特殊用途区域规划设计等很多的领域。同时，从目前国

内很多的设计或学科发展来看，着重于具体的项目本身的环境设计，这里我们认为是狭义上的景观设计。基于以上的观点，我们认为无论是关于土地的合理使用，还是一个狭义的景观设计方案，构思是十分重要的。

构思

首先考虑的是满足其使用功能，充分为地块的使用者创造、安排出满意的空间场所，又要考虑不破坏当地的生态环境，尽量减少项目对周围生态环境的干扰。然后，采用构图以及各种手法进行具体的方案设计。

我们从基地现场收集资料后，就必须立即进行整理、归纳，以防遗忘那些较细小的却有较大影响因素的环节。在着手进行总体规划构思之前，必须认真阅读业主提供的“设计任务书”（或“设计招标书”）。在设计任务书中详细列出了业主对建设项目的各方面要求：总体定位性质、内容、投资规模、技术经济相符控制及设计周期等。在这里，还要再次提醒刚入门的设计人员：要特别重视对设计任务书的阅读和理解，一遍不够，多看几遍，充分理解，“吃透”设计任务书最基本的“精髓”。

在进行总体规划构思时，要将业主提出的项目总体定位作一个构想，并与抽象的文化内涵以及深层的警世寓意相结合，同时必须考虑将设计任务书中的规划内容融合到有形的规划构图中去。

构思草图只是一个初步的规划轮廓，接下去要将草图结合收集到的原始资料进行补充、修改。逐步明确总图中的入口、广场、道路、湖面、绿地、建筑小品、管理用房等各元素的具体位置。经过初步修改，会使整个规划在功能上趋于合理，在构图形式上符合景观设计的基本原则：视觉上美观、舒适。

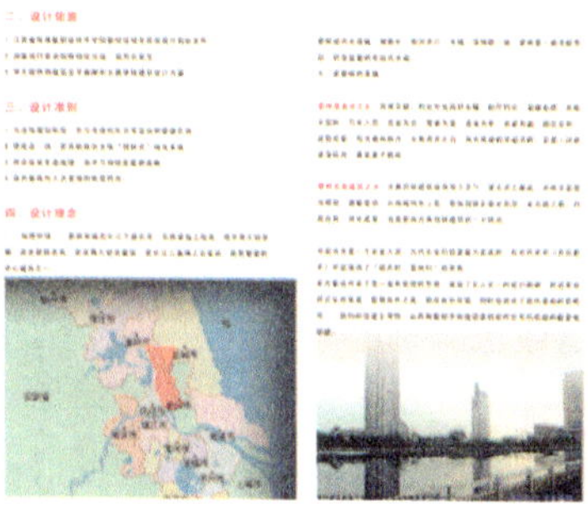

项目前期的设计依据和理念

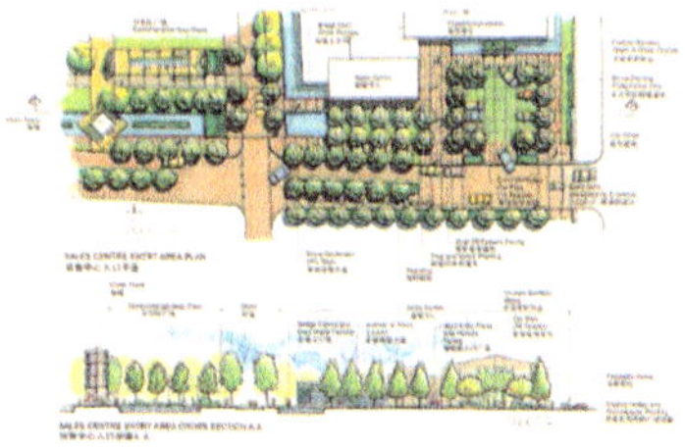

天津水晶城景观方案构思的前期草图，从标注到布局都考虑得很全面

住宅小区景观规划草案（黑色部分为住宅单元）初步确定了东车行主入口、北人行次入口、分期开发三大主题组团板块、环绕水系和相关景区功能设施等

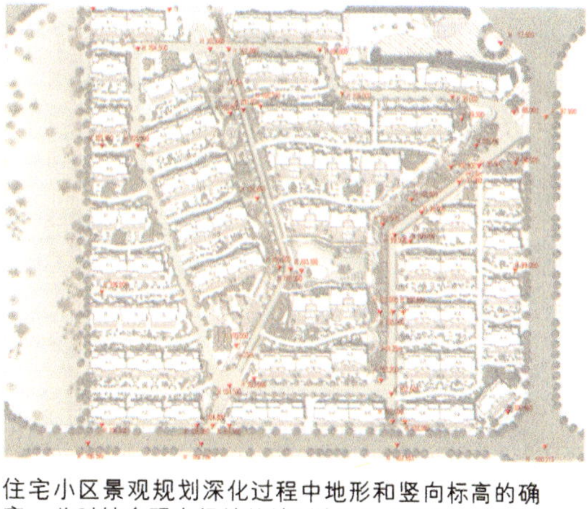

住宅小区景观规划深化过程中地形和竖向标高的确定，此时结合现有场地的地形有2.5–3.5米落差的特点，大致保持土方平衡，此时方案不时会有所修改，要不时停下来反复推敲

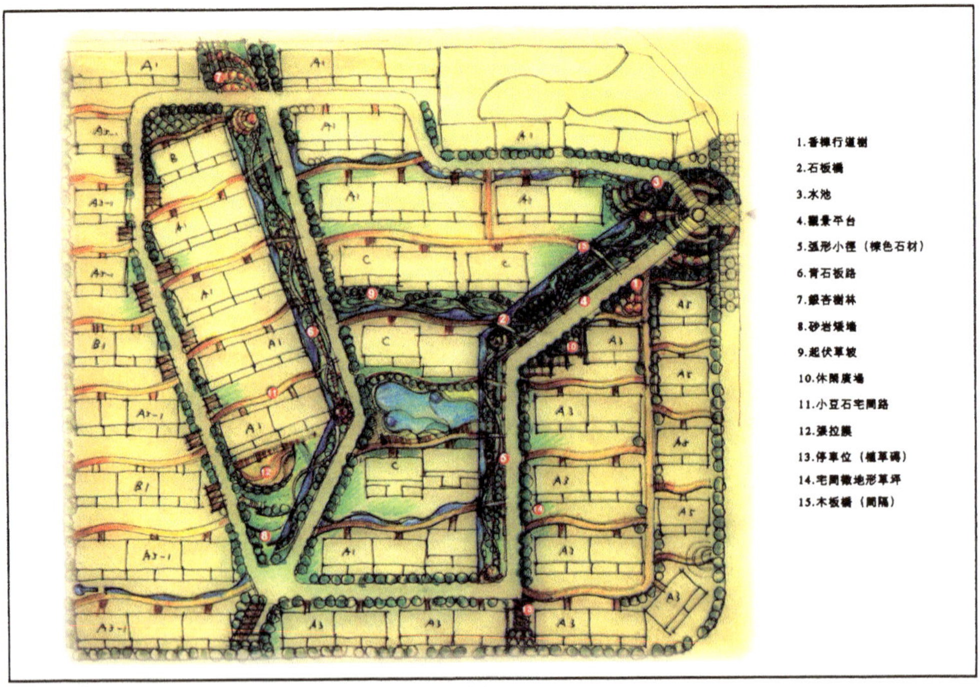

较成熟的景观方案各方面考虑都比较均衡，包括两条南北折线状、主景观带、主次入口设计、中心泳池和集中休闲区、绿地构成元素、水系的形状和宅间路的走向和材质等等，图上红色数字标示了主要景点内容

局部放大的主入口手绘平面布置图，结合了绘图笔勾勒轮廓、马克笔和彩铅深入、电脑合成修饰等技巧，注意图上树木的阴影方向都保持了一致

三、景观方案的手绘技巧

设计师一般如果有较强的手绘表达能力和手绘技巧，在方案阶段熟练地进行景观总图或局部透视图辅助表现，便能更好地表达自身的意图，能对景观渗入自己的个性理解；这样无疑对整个设计过程有非常有利的推动作用，往往会给业主方留下更深刻的印象。

下面大体介绍绘制过程，具体技法随后会结合有关图片作深入说明。

1. 线框：先用绘图笔勾勒出道路、建筑和景区等的大体轮廓（可结合使用CAD计算机绘图辅助设计、多次复印留底和彩色打印等综合技巧）。

2. 上色：用马克笔绘制底色和用颜色标示分区（开始阶段先参考有关的优秀范例，提高效率）。

3. 深化：彩铅等各种手段加入细节信息，进一步完善相关景物表现。

4. 阴影：绘制建筑和树木等投影。注意：一般投影都是保持同一方向，阴影的方向不一致会感觉较杂乱。

5. 修饰：用彩铅等工具调整局部颜色或扫描后用电脑软件最后合成修饰，大功告成。

主入口景点的手绘透视，运用马克笔和彩铅表现了各类景观构筑物的体积和材质关系，通过笔触和着色区分了绿篱、树木和草地的不同变化，后期用Photoshop修饰细部瑕疵和强调光影效果，整个画面完成效果很生动

四、方案的第二次修改、文本的制作包装

经过了初次修改后的规划构思，还不是一个完全成熟的方案。设计人员此时应该集思广益，多渠道、多层次、多次数地听取各方面的建议。不但要向老设计师们请教方案的修改意见，而且还要虚心向中青年设计师们讨教，往往多讨教别人的设计经验，并与之交流、沟通，更能提高整个方案的新意与活力。

由于大多数规划方案，甲方在时间要求上往往比较紧迫，因此设计人员特别要注意两个问题：

第一，只顾进度，一味求快，最后导致设计内容简单枯燥、无新意，甚至完全搬抄其他方案，图面质量粗糙，不符合设计任务书要求。

第二，过多地更改设计方案构思，花过多时间、精力去追求图面的精美包装，而忽视对规划方案本身质量的重视。这里所说的方案质量是指：规划原则是否正确，立意是否具有新意，构图是否合理、简洁、美观，是否具可操作性等。

整个方案全都定下来后，图文的包装必不可少。现在，它正越来越受到业主与设计单位的重视。最后，将规划方案的说明、投资框（估）算、水电设计的一些主要节点，汇编成文字部分，将规划平面图、功能分区图、绿化种植图、小品设计图、全景透视图、局部景点透视图，汇编成图纸部分。文字部分与图纸部分的结合，就形成了一套完整的规划方案文本。

住宅小区的手绘植物种植分布图，用颜色标示简要说明了种植区域分布的情况和特点，如深绿色的行道树、中绿色的宅间路景观树、彩色的局部树种、草绿色的高低草坡、灌木和绿篱的构成等等

根据业主反馈，局部调整后的中央绿地插图景观（油性笔、马克笔、彩铅、PS后期合成）

五、业主的信息反馈

业主拿到方案文本后，一般会在较短时间内给予一个答复。答复中会提出一些调整意见，包括修改、添删项目内容，投资规模的增减，用地范围的变动等。针对这些反馈信息，设计人员要在短时间内对方案进行调整、修改和补充。

现在各设计单位电脑出图率已相当普及，因此局部的平面调整还是能较顺利地按时完成。而对于一些较大的变动或者总体规划方向的大调整，则要花费较长一段时间进行方案调整，甚至推倒重做。

对于业主的信息反馈，设计人员如能认真听取反馈意见，积极主动地完成调整方案，则会赢得业主的信赖，对今后的设计工作能产生积极的推动作用。

相反，设计人员如马马虎虎、敷衍了事或拖拖拉拉，不按规定日期提交调整方案，则会失去业主的信任，甚至失去这个项目的设计任务。

一般调整方案的工作量没有前面的工作量大，大致需要一张调整后的规划总图和一些必要的方案调整说明、框（估）算调整说明等，但它的作用却很重要，以后的方案评审会，以及施工图设计等，都是以调整方案为基础进行的。

六、方案设计评审会

由有关部门组织的专家评审组，会集中一天或几天时间，进行一个专家评审(论证)会。出席会议的人员，除了各方面专家外，还有建设方领导，市、区有关部门的领导，以及项目设计负

根据业主反馈意见调整后的主入口大门景观透视图（钢笔、马克笔、彩铅、PS后期合成）

把组合构图和道路交通、绿化、水景、小品景点按比例表现在这张平面图上了(CAD辅助、绘图笔勾线、PS填色)

责人和主要设计人员。

作为设计方，项目负责人一定要结合项目的总体设计情况，在有限的一段时间内，将项目概况、总体设计定位、设计原则、设计内容、技术经济指标、总投资估算等诸多方面内容，向领导和专家们作一个全方位汇报。汇报人必须清楚，自己心里了解的项目情况，专家们不一定都了解，因而，在某些环节上，要尽量介绍得透彻一点、直观化一点，并且一定要具有针对性。在方案评审会上，宜先将设计指导思想和设计原则阐述清楚，然后再介绍设计布局和内容。设计内容的介绍，必须紧密结合先前阐述的设计原则，将设计指导思想及原则作为设计布局和内容的理论基础，而后者又是前者的具象化体现。两者应相辅相成，缺一不可。切不可造成设计原则和设计内容南辕北辙。

方案评审会结束后几天，设计方会收到打印成文的专家组评审意见。设计负责人必须认真阅读，对每条意见，都应该有一个明确答复，对于特别有意义的专家意见，要积极听取，立即落实到方案修改稿中。

七、设计总体布局

在构思的基础上就是构图的问题了。构思是构图的基础，构图始终要围绕着满足构思的所有功能。

景观设计构图包括两个方面的内容，即平面构图组合和立体造型组合。平面构图主要是将交通道路、绿化面积、小品位置，用平面图示的形式，按比例准确地表现出来，以明确地表达各自的关系和空间尺度。立体造型从整体来讲是地块上所有实体内容的某个角度的正立面投影；从细部来讲，主要选择景物主体与背景的关系来反映，从以下的设计手法中可以体现出这层意思。

在景观设计中，我们常会用到下面几种形式来对总体进行布局：

对景与借景

景观设计的平面布置中，往往有一定的建筑轴线和道路轴线，在尽端安排的景物称为对景。对景往往是平面构图和立体造型的视觉中心，对整个景观设计起着主导作用。对景可以分为直接对景和间接对景。直接对景是视觉最容易发现的景，如道路尽端的亭台、花架等，一目了然；间接对景不一定在道路的轴线上或行走的路线上，其布置

钟楼就是道路轴线交叉点的对景，它并不居中，而是偏向一侧，掩映在树木中

经典的苏州拙政园，借景和隔景等手法随处可见，百看不厌

行人、台阶、水景和花坛的比例、尺度要恰到好处

的位置往往有所隐蔽或偏移，给人以惊异或若隐若现之感。

借景也是景观设计常用的手法。通过建筑的空间组合或建筑本身的设计手法，将远处的景致借用过来。如苏州拙政园，可以从多个角度看到几百米以外的北寺塔，这种借景的手法可以丰富景观的空间层次，给人极目远眺、身心放松的感觉。

隔景与障景

隔景是将好的景致收入到景观中，将差乱的地方用树木、墙体遮挡起来。障景是直接采取截断行进路线或逼迫其改变方向的办法用实体来完成。

引导与示意

引导的手法是多种多样的。采用的材质有水体、铺地等很多元素。如公园的水体，水流时大时小，时宽时窄，将游人引导到公园的中心。示意的手法包括明示和暗示。明示指采用文字说明的形式，如路标、指示牌等小品的形式。暗示可以通过地面铺装、树木的有规律布置的形式指引方向和去处，给人良好的空间体验。

渗透和延伸

在景观设计中，景区之间并没有十分明显的界限，而是你中有我，我中有你，渐而变之。渗透和延伸经常采用草坪、铺地等的延伸、渗透，起到连接空间的作用，在不知不觉中给人以景物已发生变化的感觉。在心理感受上不会太过突兀，给人良好的空间体验。

尺度与比例

景观设计的主要尺度依据在于人们在建筑外部空间的行为，人们的空间行为是确定空间尺度的主要依据。如学校的教学楼前的广场或开阔空地，尺度不宜太大，也不宜过于局促。太大了，学生或教师使用或停留会感觉过于空旷，没有氛围；过于局促则会失去一定的私密性。

质感与肌理

景观设计的质感与肌理主要体现在植被和铺地方面。不同的材质通过不同的手法可以表现出不同的质感与肌理效果。如花岗石的坚硬和粗糙，大理石的纹理和细腻，草坪的柔软，树木的挺拔，水体的轻盈。将这些不同材料加以运用，有条理地加以变化，将使景观富有更深的内涵和趣味。

节奏与韵律

在景观处理上的节奏包括：铺地中材料有规律地变

住宅小区总平的各景点深化，这是向比较详细的平面过渡的阶段

铺地和灌木的尺度和间隔变化得到了精心的控制和调度，连前方中庭的下沉空间的乔木也变得生气勃勃

化，灯具、树木排列中相同间隔的安排，花坛座椅的均匀分布等。韵律是节奏的深化。

以上是景观设计中常采用的一些手法，但它们是相互联系，综合运用的，并不能截然分开。我们只有了解这些方法，加上更多的专业设计实践，才能很好地将这些设计手法熟记于胸，灵活运用到方案之中。

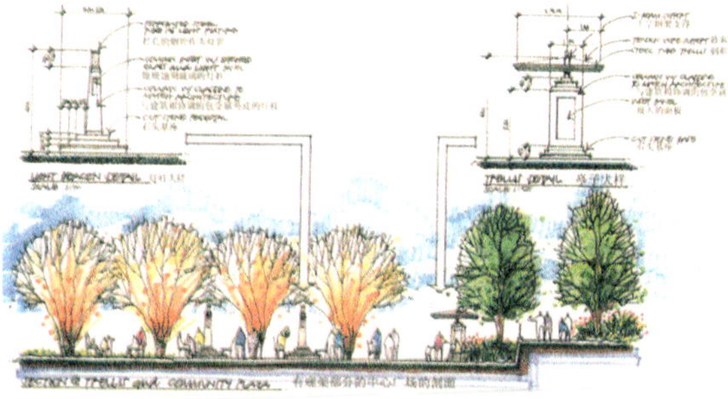

景观剖面上附加细部的表达，在文本中让观者一目了然

八、设计实施表达手法、艺术与思想表现

以形式美体现思想性和精神面貌。以简约的、概括的现代手法为主，细节上以精细严谨的手法刻画，体现出优雅的文化特色及装饰效果，突出景观规划的装饰性、观赏性和时代性。

主体表达

时刻注意突出主体内容，不要喧宾夺主。

环境绿化

以再造山川秀美工程为前题，以生态建设为目的。考虑到按照减少植物栽植率的要求，在设计时，侧重竖向的绿化，平面绿化率适当减少。绿化手法上以开阔的、简练的划分手法处理，这样比较符合现代人的生活时尚和审美节奏。

小品设置

小品既是景观视觉的点缀，也是功能的需要，完美的小品是两者合二为一的结果。

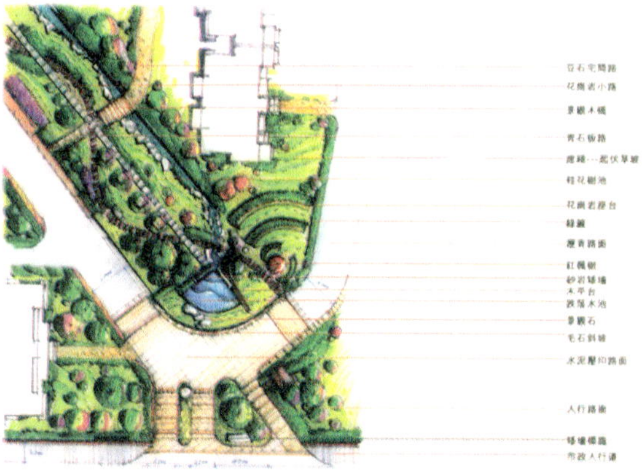

入口景观的形式多次沟通后，考虑了更多的实用性和关联性，也考虑到造价等其他因素，显得比较切合实际。(铅笔，马克笔,彩色蜡笔，PS后期标注)

入口景观透视图，根据前一张平面图所绘制的空间关系做透视(马克笔、PS后期合成)

思考题：

1. 设计师在前期方案阶段开始前为何要利用各种手段来全面勘测现场？

2. 为何作者反复强调要吃透设计任务书？这对今后设计的展开有何益处？

3. 设计师从一开始就要始终主动把握好设计时间节点，控制好整个设计流程。

4. 为何在方案文本中不能过于追求图面的美观效果和包装？

5. 试着在观察景观项目时留意体会各类设计形式，如对景借景、渗透延伸等。

第二节　扩初深化阶段

一、扩初设计

设计者结合专家组方案评审意见，进行深入一步的扩大初步设计(简称“扩初设计”)。在扩初文本中，应该有更详细、更深入的总体规划平面、总体竖向设计平面、总体绿化设计平面、建筑小品的平、立、剖面(标注主要尺寸)。在地形特别复杂的地段，应该绘制详细的剖面图。在剖面图中，必须标明几个主要空间地面的标高(路面标高、地坪标高、室内地坪标高)、湖面标高(水面标高、池底标高)。

典型的文本页面构成：右下角一般写项目名称和图纸内容，中间是图片和设计编排，左上角有时也可留空。版面尽量保持大方整洁，不要过于凌乱和花哨，以至于分散观看者的注意力

在扩初文本中，还应该有详细的水、电气设计说明，如有较大用电、用水设施，要绘制给排水、电气设计平面图。

扩初设计评审会上，专家们的意见不会像方案评审会那样分散，而是比较集中，也更有针对性。设计负责人的发言要言简意赅，对症下药。

根据方案评审会上专家们的意见，我们要介绍扩初文本中修改过的内容和措施。未能修改的意见，要充分说明理由，争取能得到专家评委们的理解。

在方案评审会和扩初评审会上，如条件允许，设计方应尽可能运用多媒体电脑技术进行讲解，这样，能使整个方案的规划理念和精细的局部设计效果完美结合，使设计方案更具有形象性和表现力。

一般情况下，经过方案设计评审会和扩初设计评审会后，总体规划平面和具体设计内容都能顺利通过评审，这就为施工图设计打下了良好的基础。总的来说，扩初设计越详细，施工图设计越省力。

汇报文本的版面编排设计制作很重要，文本一般由如下部分构成：设计依据、设计构思说明、总图及展开、透视图、局部节点放大、材质设施、植物设计、框算造价等。一本清晰美观的文本页面容易给人留下条理脉络清楚、赏心悦目的好印象，从而大大缩短设计重复修改的进程，提高我们设计师的效率。

二、扩初阶段技能描述

具有较强的设计和手绘能力，能很好地处理一个中型的景观设计项目（初学者可以先从助理景观师做起，循序渐进积累经验），包括草案构思、概念设计、文本制作等。

容易与客户沟通，有良好的方案讲解能力。保证项目能成功地讲解给客户（无论是否做至后续施工图阶段）。当然也要具备很好的团队协作精神。

熟悉园林植物的特性。具备良好的园林植物设计理念。

熟练操作AutoCAD、Photoshop和其他设计绘图软件。

较为完整的扩初阶段的景观总图，各节点和功能分区已经比较清晰，也经过了业主方的多次评审和设计方的深入修改调整（马克笔、PS后期加标示文字等）

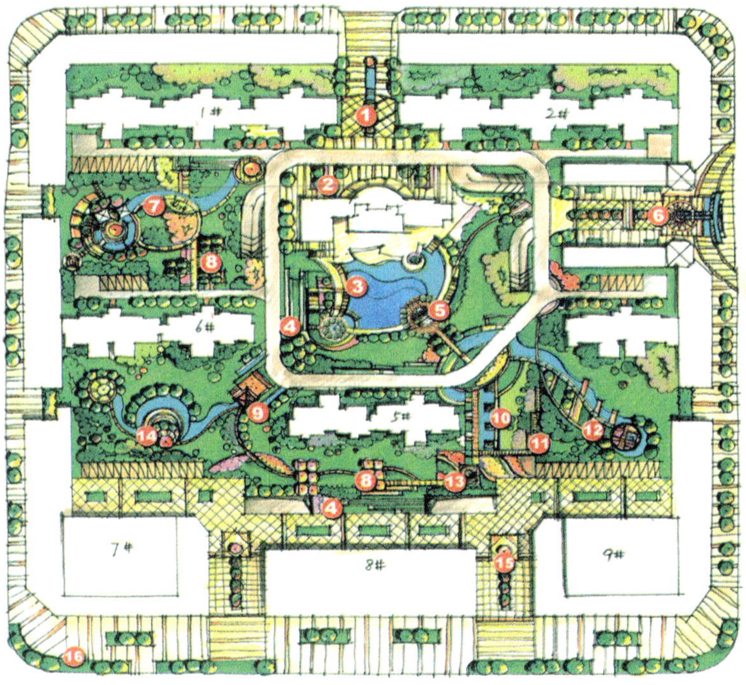

洛阳新天地红太阳花园住宅小区景观设计总平景点——Masterplan of Landscpe Design

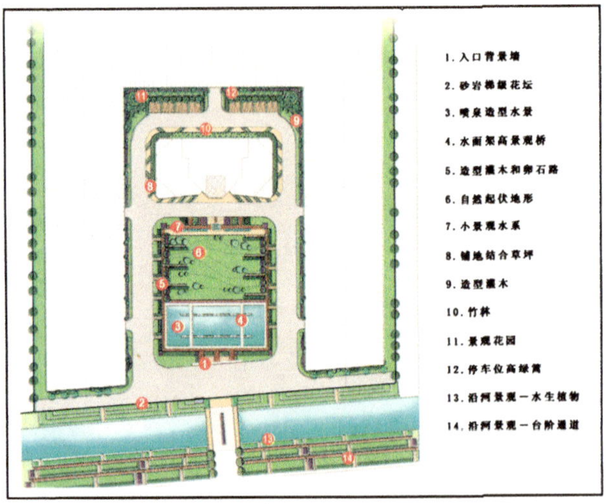

某集团公司办公总部景观总平面(PS渲染)。

三、扩初阶段的设计技巧

扩初阶段除了总平面图、相关区域放大图之外，为清楚地表达空间立体关系，一定数量的透视图是必须的（手绘形式当然可以在前期应用，个人建议用sketchup或3Dmax绘图软件作后期辅助，可以用相对比较精确的尺度感来深入设计）。在没有完成空间立面关系的分析前，直接深化施工图阶段的图纸是不妥当的。

用sketchup软件渲染的多个空间分析透视图，这样的出图方式(后期用PS调整后出图)，给业主留下了比较深刻的印象，从而大大地推动了设计项目的进展

继续用这个软件深入设计外围地带，包括门卫、围墙、沿河景观、景观桥、人行道等，从而贯彻设计师的意图，并且通过出图的形式传达给业主，使其受到环境气氛的感染

扩初过程中门卫和围墙的2个方案推敲(图中包括立面和平面，用AutoCAD和Photoshop深入完成立面渲染)

扩初过程中背景墙的方案构思过程，下方渲染的立面为最后确定的形式(图中除了手绘草图外，其他立面和平面用AutoCAD和Photoshop深入完成立面渲染)

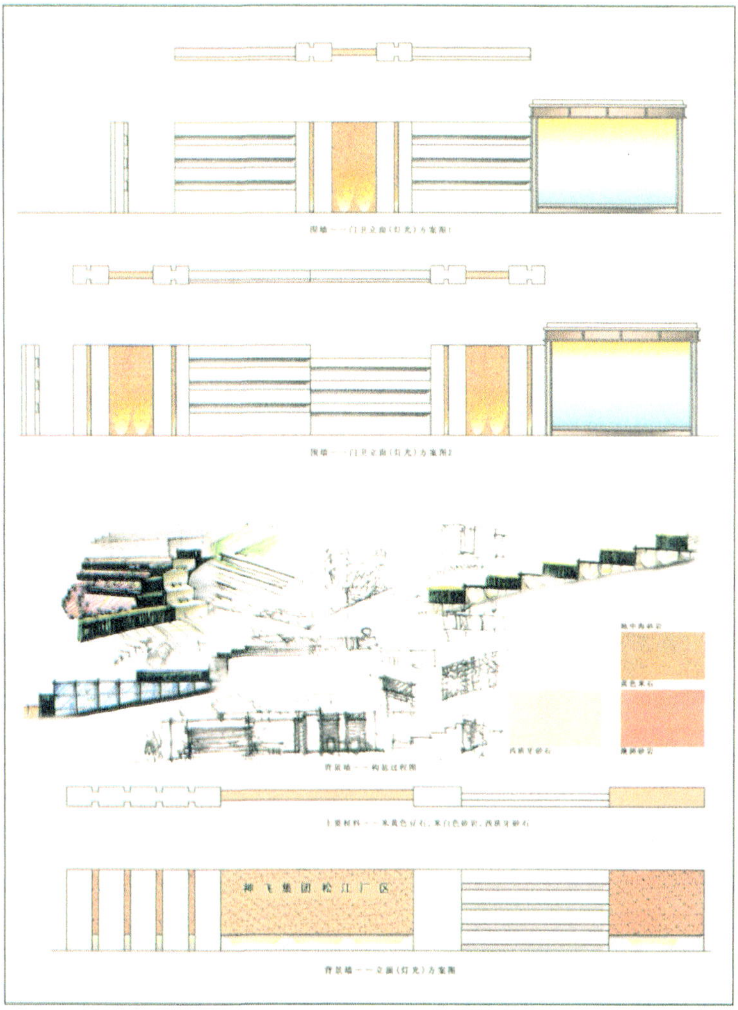

继续深入完善细部设计，如景观桥、道路两侧、沿河绿化层次、停车位等，基本要做到各个方面心里都要有把握。sketch-up的深入过程就是一个把徒手草图逐渐数据化的一个过程

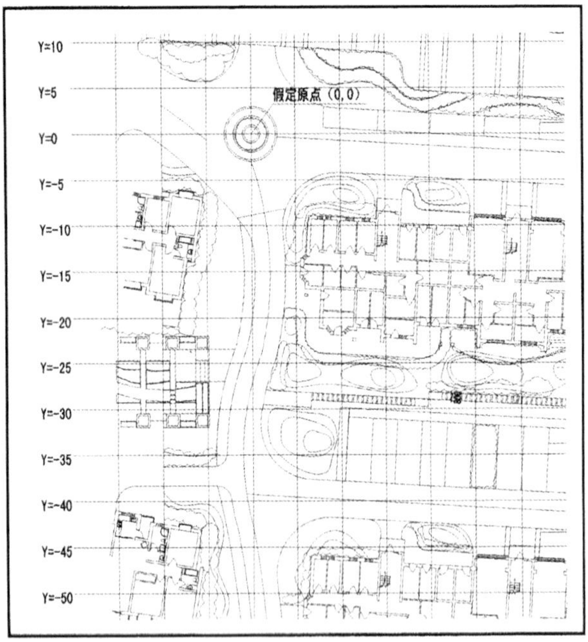

总平定位图的局部，一般会由施工方或甲方提供一个参考原点位置，然后由此原点位置向竖向轴Y和横向轴X排列，网格间距从5000-10000不等，此图会作为施工单位放样的依据

第三节　施工图设计阶段

一、基地的再次踏勘

在景观规划设计步骤（一）中，我们谈到过基地的踏勘。这次所谈是基地的再次踏勘，至少有3点与前一次不同：1.参加人员范围的扩大。前一次是设计项目负责人和主要设计人，这一次必须增加建筑、结构、水、电等各专业的设计人员。2.踏勘深度的不同。前一次是粗勘，这一次是精勘。3.掌握最新、变化了的基地情况。前一次与这一次踏勘相隔较长一段时间，现场情况必定有了变化，我们必须找出对今后设计影响较大的变化因素，加以研究，然后调整随后进行的施工图设计。

现在，很多大工程，市、区重点工程，施工周期都相当紧促。往往最后竣工期先确定，然后从后向前倒排施工进度。一般来讲，在大型园林景观绿地的施工图设计中，施工方急需的图纸是：1.总平面放样定位图（俗称方格网图）；2.竖向标高设计图（俗称土方地形图）；3.一些主要的大剖面图；4.土方平衡表（包含总进、出土方量），景观设计中通常是由施工方来完成这一工作；5.水的总体上水、下水、管网布置图，主要材料表；6.电的总平面布置图、系统图等(水、电工种图纸要交由专业的工程师来完成,但设计负责人要总体构思和具体协调)。

同时，这些较早完成的图纸要做到两个结合：1.各专业图纸之间要相互一致，自圆其说。2.每一种专业图纸与今后陆续完成的图纸之间，要有准确的衔接和连续关系。

二、施工图的设计

社会的发展伴随着大项目、大工程的产生，它们自身的特点使得设计与施工各自周期的划分已变得模糊不清。特别是由于施工周期的紧迫性，设计师往往要先出一部分急需施工的图纸，从而使整个工程项目处于边设计边施工的状态。

除了前面所提到的先期完成一部分施工图，以便进行即时开工，紧接着就要进行各个单体建筑小品的设计，这其中包括建筑结构、水、电的各专业施工图设计。

另外，作为整个工程项目设计总设计师，往往同时承担着总体定位、竖向设计、道路广场、水体以及绿化种植的施工图设计任务。他不但要按时，甚至提早完成各项设计任务，而且要把很多时间、精力花费在开会、协调、组织、平衡等工作上。尤其是甲方与设计方之间、设计方与施工方之间、设计各专业之间的协调工作更不可避免。往往工程规模越大，工程影响力越深远，组织协调工作就越繁重。

从这方面看，作为项目设计的总体设计师，不仅要掌握扎实的设计理论知识和丰富的实践经验，更要具有极强的工作责任心和优良的职业道德，这样才能更好地担当起这一重任。

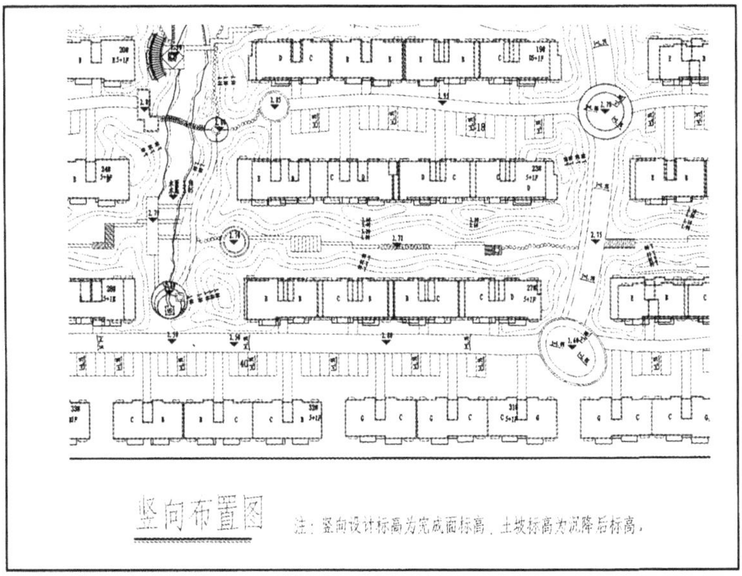

典型的竖向标高设计图(标明了参照点标高排水方向)，施工方会依据此图营造地形，测算土方量

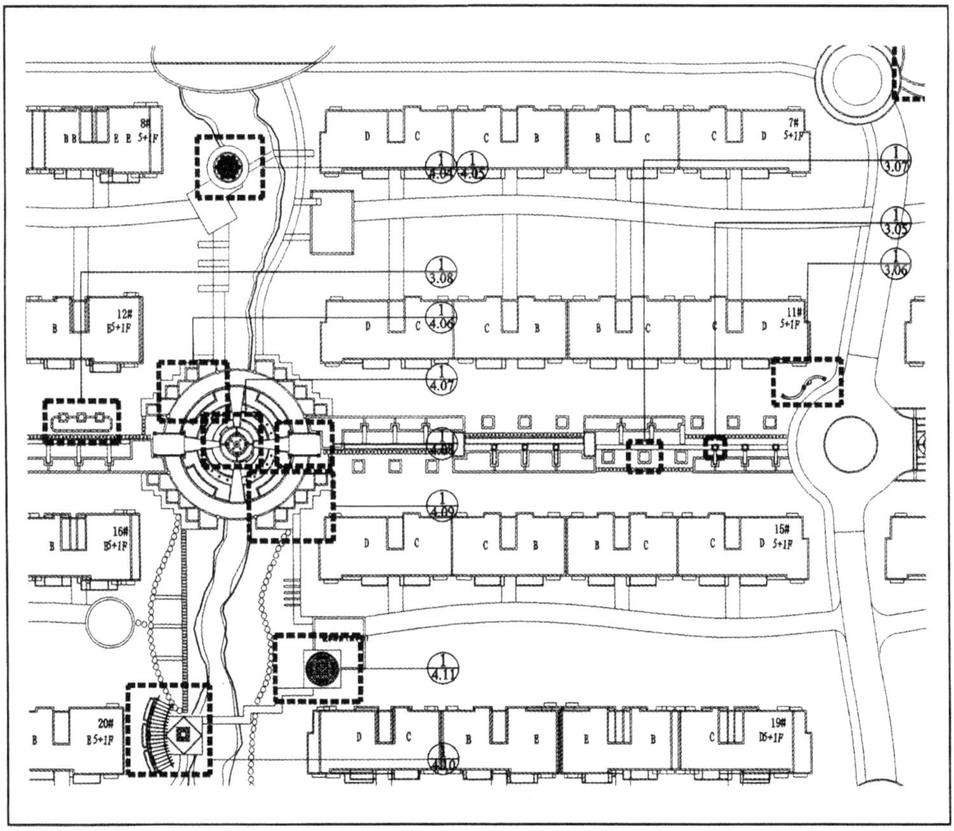

总平索引图的局部，每个编号相应对应详图和立面图的图号，便于设计师和施工方的检索

总平绿化乔木布置图，详细标明了各类乔木树种种植的位置和数量

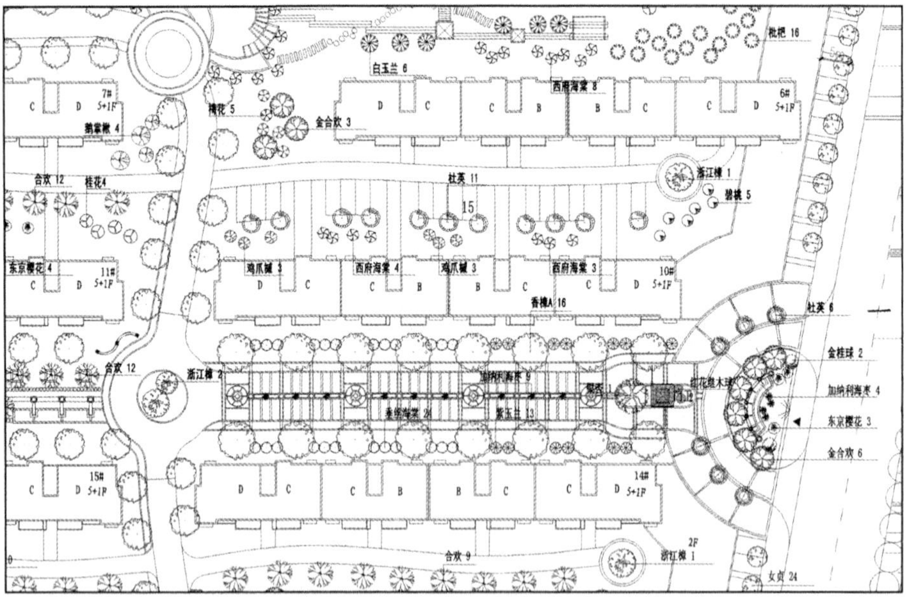

总平铺装局部放大图，详细表述了各区域地面材料的名称和规格，便于施工方统计材料和施工参照

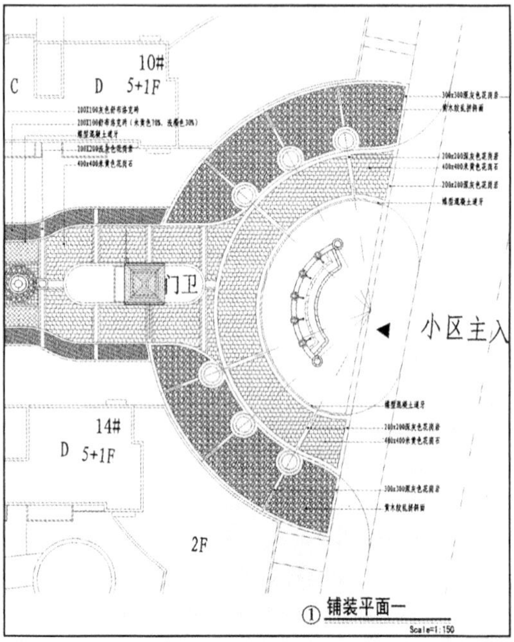

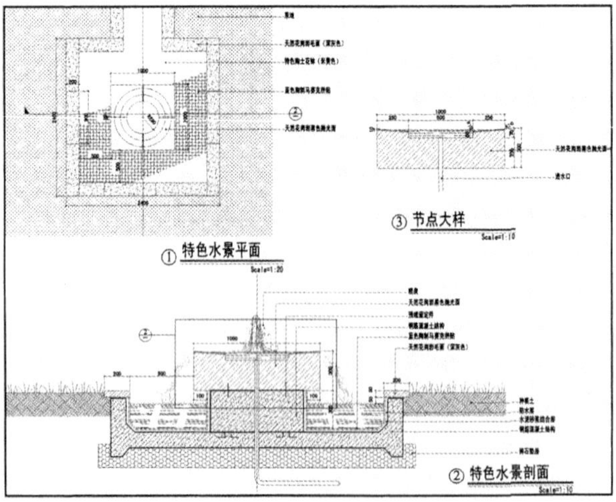

特色水景详图，图纸编号和索引图的相一致，详图清楚标示了剖面、节点的尺寸、材料和做法

三、施工图预算编制

严格来讲，施工图预算编制并不算是设计步骤之一，但它与工程项目本身有着千丝万缕的联系，因而有必要简述一下。

施工图预算是以扩初设计中的概算为基础的。该预算涵盖了施工图中所有设计项目的工程费用。其中包括：土方地形工程总造价，建筑小品工程总价，道路、广场工程总造价，绿化工程总造价，水、电安装工程总造价等。

根据经验，施工图预算与最终工程决算往往有较大出入。其中的原因各种各样，影响较大的是：施工过程中工程项目的增减，工程建设周期的调整，工程范围内地质情况的变化，材料选用的变化等。施工图预算编制属于造价工程师的工作，但项目负责人脑中应该时刻有一个工程预算控制度，必要时及时与造价工程师联系、协商，尽量使施工预算能较准确反映整个工程项目的投资状况。

应该承认，某个工程的最终效果很大程度上由投资控制所决定。近几年，上海市的街头绿地建设中出现了单位面积造价节节攀升的现象。笔者认为，项目负责人有责任为业主着想，客观上因地制宜，主观上发挥各专业设计人员的聪明才智，平衡协调，在设计的环节中做到投资控制。我们相信，整个工程项目建成后良好的景观效果，是在一定资金保证下，设计与科学合理施工结合的体现。

第四节　后期跟进

一、施工图的交底

业主拿到施工设计图纸后，会联系监理方、施工方对施工图进行看图和读图。看图属于总体上的把握，读图属于具体设计节点、详图的理解。之后，由业主牵头，组织设计方、监理方、施工方进行施工图设计交底会。在交底会上，业主、监理、施工各方提出看图后所发现的各专业方面的问题，各专业设计人员将对口进行答疑。

一般情况下，业主方的问题多涉及总体上的协调、衔接，监理方、施工方的问题常提及设计节点、大样的具体实施。双方侧重点不同。由于上述三方是有备而来，并且有些问题往往是施工中的关键节点，因而设计方在交底会前要充分准备，会上要尽量结合设计图纸当场答复，现场不能回答的，回去考虑后尽快做出答复。

二、设计师的施工配合

设计的施工配合工作往往会被人们所忽略。其实，这一环节对设计师、对工程项目本身恰恰是相当重要的。

业主对工程项目质量的精益求精，对施工周期的一再缩短，都要求设计师在工程项目施工过程中经常踏勘建设中的工地，解决施工现场暴露出来的设计问题、设计与施工相配合的问题。如有些重大工程项目，整个建设周期就已经相当紧迫，业主普遍采用“边设计边施工”的方法。针对这种工程，设计师更要勤下工地，结合现场客观地形、地质、地表情况，做出最合理、最迅捷的设计。

如果建设中的工地位于设计师所在的同一城市中，该设计项目负责人必须结合工程建设指挥的工作规律，对自己及各专业设计人员制订一项规定：每周必须下工地一至两次（可根据客观情况适当增减）。每次至工地，参加指挥部召开的每周工程例会，会后至现场解决会上各施工单位提出的问题。能解决的，现场解决；无法解决的，回去协调各专业设计后出设计变更图解决，时

前期方案阶段：鸟瞰透视图，反映了这个集团总部的总体景观状况。从上至下依次为主办公楼景区，中央绿地和水池，东西两侧花坛，沿河景观桥和两岸景观

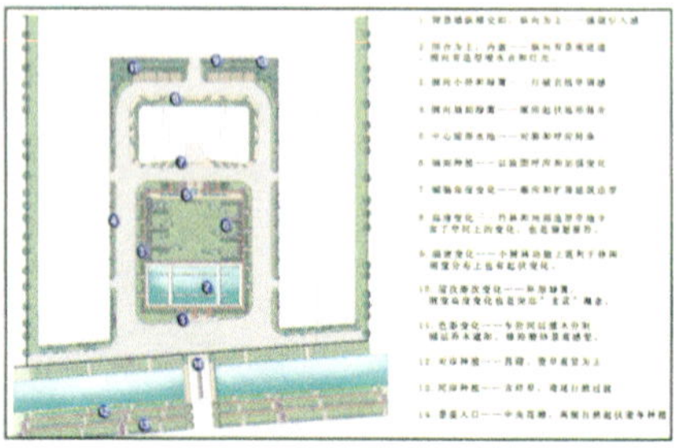

前期初设阶段：总平构成分析图详细分析了总平的各个组成部分和相关景点，奠定了整个景观设计的基调

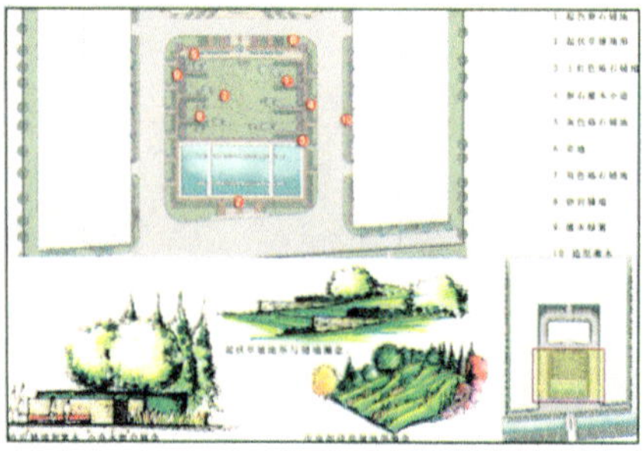

中期扩初阶段：中心绿地放大分析图详细解释了各景点的组成和名称，并配以生动的插图，比较直观

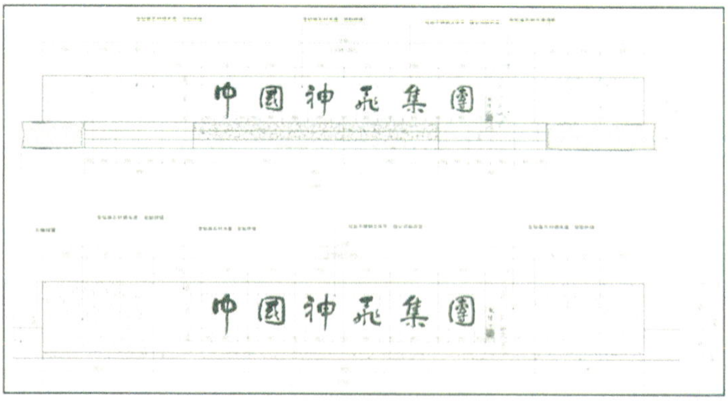

后期施工图阶段：入口背景墙施工详图，标明了花坛和背景墙的材料构成和规格数据等

间控制在2—3天。如遇上非设计师下工地日，而工地上恰好发生影响工程进度的较重大设计施工问题，设计师应在工作条件允许下，尽快赶到工地，协调业主、监理、施工方解决问题。上面所指的设计师往往是项目负责人，但其他各专业设计人员应该配合总体设计师，做好本职专业的施工配合。

三、设计师的施工配合

如果建设中的工地位于与设计师不同城市，俗称“外地设计项目”，而工程项目又相当重要(影响深远，规模庞大)，设计院所就必须根据该工程的性质、特点，派遣一位总体设计协调人员赴外地施工现场进行施工配合。

其实，设计师的施工配合工作也随着社会的发展与国际间合作设计项目的增加而上升到新的高度。配合时间更具弹性，配合形式更多样化。俗话说，“三分设计，七分施工”。如何使“三分”的设计充分体现、融入到“七分”的施工中去，产生出“十分”的景观效果，这就是设计师施工配合所要达到的工作目的。

别墅景观设计欣赏

详尽漂亮的景观总图，各分区的形态和功能非常清晰，构图形式也很饱满，马克笔绘制的绿地和树种非常引人入胜

工整漂亮的住宅入口透视图，忠实地反映了总平上设计的元素，背景建筑描绘得相当深入，图面效果非常出色

美国别墅的手绘透视图，可以看出国外图纸表现的严谨，细部一丝不苟，整体性也很强，经得起反复推敲

美国的迈克格迪别墅，建筑造型带有明显的殖民地风格，景观也极其简洁明快

住宅小区景观规划分解步骤

铅笔草图和大体构思，蓝色部分为水系

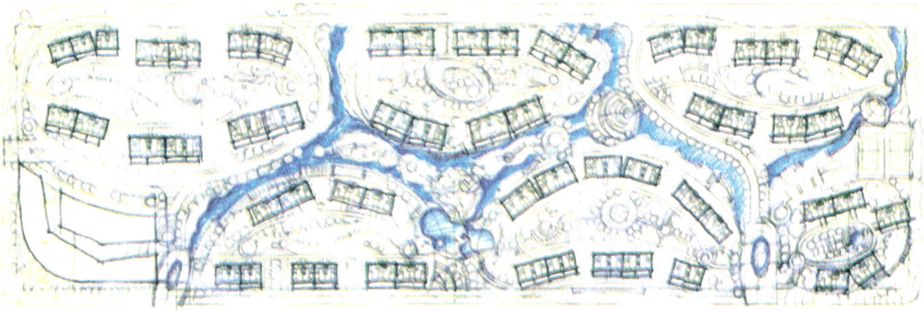

确定住宅单体位置（黑色部分），进一步深化组团和交通线路

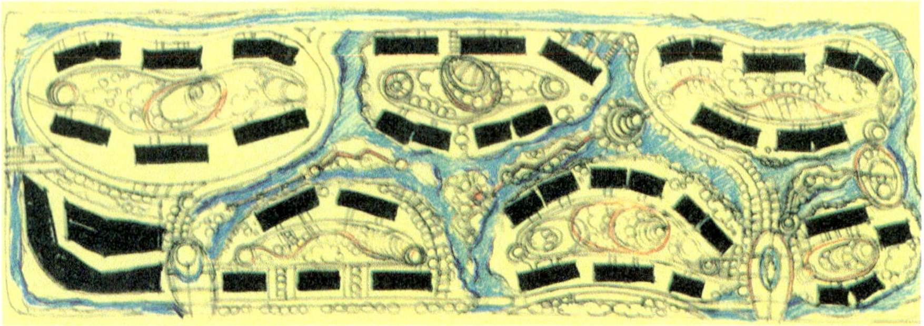

添加细节，确定入口和考虑景观景点分布、步道、绿地等内容

用马克笔和彩铅加上后期PS合成，基本体现了小区总平的大效果

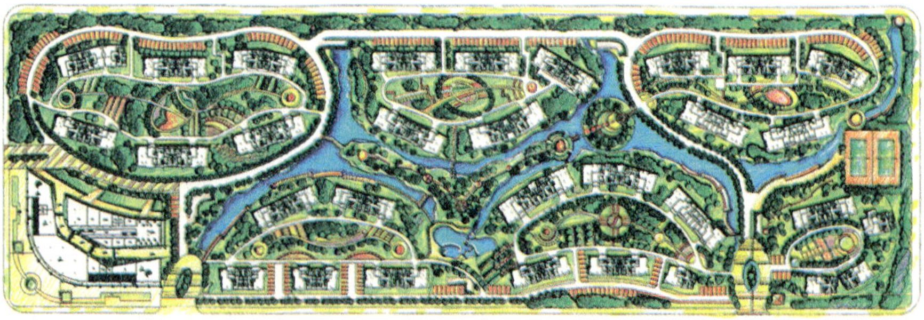

国外商业景观街区欣赏

商业休闲座椅和铺地一气呵成，磅礴大气

地形和挡土墙的穿插，背景的树林本身就是很好的景观

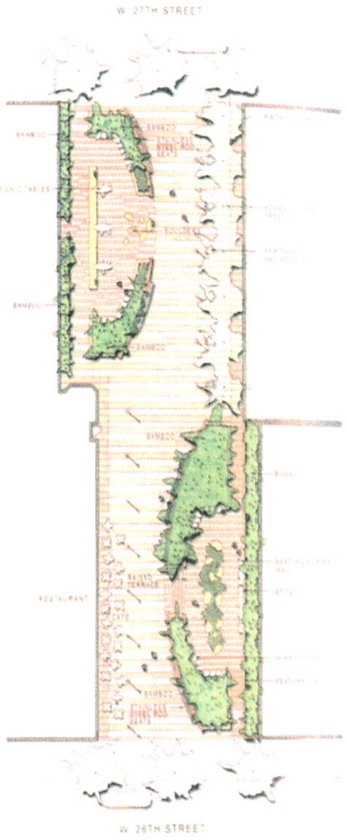

手绘平面布置图

水景附近的休闲区，注意远处的雕塑，中、远、近景三大层次都很耐看

条纹状的铺地和设施相映成趣

第五节　景观设计资料与实际运用

一、一些经典的植物配植组合

1. 水杉+黄连木+乌桕+连香树——卫矛+石楠+十大功劳+粉花绣线菊+棣棠——鸢尾

2. 马尾松+栓皮栎+麻栎——山茶+垂丝海棠+棣棠——酢浆草

3. 全缘栾树+合欢——洒金东瀛珊瑚+海桐+南天竹——沿阶草

4. 全缘栾树+合欢——栀子+金丝桃+大吴风草

5. 悬铃木+垂柳+黑松——金钟花+紫珠+麻叶绣球——二月兰

6. 垂柳+丁香——桃花+桂花+红叶李——草本地被

7. 鹅掌楸+广玉兰+桂花——八仙花+天目琼花+珍珠梅——萱草+玉簪

8. 广玉兰+白玉兰——山茶——阔叶麦冬

9. 广玉兰+白玉兰——含笑+八角金盘——玉簪

10. 雪松+广玉兰——紫荆+紫薇+黄馨——鸢尾+红花酢浆草+其他地被

11. 雪松+龙柏+红枫——大叶黄杨球+锦绣杜鹃——雏菊+沿阶草

12. 重阳木+乌桕+金钱松+黑松——毛白杜鹃+锦绣杜鹃——连钱草

13. 鸡爪槭+红枫+桂花——海桐+锦带花+金钟花——花叶蔓长春花

14. 臭椿——红瑞木——玉簪

15. 刺槐——棣棠+紫珠——二月兰

16. 栾树——天目琼花+糯米条——鸢尾

17. 泡桐——柳叶绣线菊+连翘——白三叶

住区环境景观结构布局

住区分类	景观空间密　度	景观布局	地形及竖向处理
高层住区	高	采用立体景观和集中景观布局形式。高层住区的景观总体布局可适当图案化，既要满足居民在近处观赏的审美要求，又需注重居民在居室中向下俯瞰时的景观艺术效果。	通过多层次的地形塑造来增强绿视率。
多层住区	中	采用相对集中、多层次的景观布局形式，保证集中景观空间合理的服务半径，尽可能满足不同年龄结构、不同心理取向的居民的群体景观需求，具体布局手法可根据住区规模及现状条件灵活多样，不拘一格，以营造出有自身特色的景观空间。	因地制宜，结合住区规模及现状条件适度地形处理。
低层住区	低	采用较分散的景观布局，使住区景观尽可能接近每户居民，景观的散点布局可结合庭园塑造尺度适人的半围合景观。	地形塑造的规模不宜过大，以不影响低层住户的景观视野又可满足其私密度要求为宜。
综合住区	不确定	宜根据住区总体规划及建筑形式选用合理的布局形式。	适度地形处理。

二、我国景观暂行法规及相关行业规范

总体环境

环境景观规划必须符合城市总体规划、分区规划及详细规划的要求。要从场地的基本条件、地形地貌、土质水文、气候条件、动植物生长状况和市政配套设施等方面分析设计

中心绿地名称	设量内容	要求	最小规格(ha)	最大服务半径(m)
居住区公园	花木草坪，花坛水面，凉亭雕塑，小卖茶座，老幼设施，停车场地和铺装地面等	园内布局应有明确的功能划分	1.0	800-1000
小游园	花木草坪，花坛水面，雕塑，儿童设施和铺装地面等	园内布局应有一定的功能划分	0.4	400-500
组团绿地	花木草坪，桌椅，简易儿童设施等	可灵活布局	0.04	

居住区各级中心公共绿地设置规定

的可行性和经济性。

依据住区的规模和建筑形态，从平面和空间两个方面入手，通过合理的用地配置，适宜的景观层次安排，必备的设施配套，达到公共空间与私密空间的优化，达到住区整体意境及风格塑造的和谐。

通过借景、组景、分景、添景多种手法，使住区内外环境协调。滨临城市河道的住区宜充分利用自然水资源，设置亲水景观；临近公园或其他类型景观资源的住区，应有意识地留设景观视线通廊，促成内外景观的交融；毗邻历史古迹保护区的住区应尊重历史景观，让珍贵的历史文脉融于当今的景观设计元素中，使其具有鲜明的个性，并为保护区的开发建设创造更高的经济价值。

光环境

住区休闲空间应争取良好的采光环境，有助于居民的户外活动。在气候炎热地区，需考虑足够的蔽阴暗构筑物，以方便居民交往活动。

选择硬质、软质材料时需考虑对光的不同反射程度，并用以调节室外居住空间受光面与背光面的不同光线要求。住区小品设施设计时宜避免采用大面积的金属、玻璃等高反射性材料，减少住区光污染；户外活动场地布置时，其朝向需考虑减少眩光。

在满足基本照度要求的前提下，住区室外灯光设计应营造舒适、温和、安静、优雅的生活气氛，不宜盲目强调灯光亮度；光线充足的住区宜利用日光产生的光影变化来形成外部空间的独特景观。

通风环境

住区住宅建筑的排列应有利于自然通风，不宜形成过于封闭的围合空间，做到疏密有致，通透开敞。

为调节住区内部通风排浊效果，应尽可能扩大绿化种植面积，适当增加水面面积，有利于调节通风量的强弱。

户外活动场的设置应根据当地不同季节的主导风向，并有意识地通过建筑、植物、景观设计来疏导自然气流。

住区内的大气环境质量标准宜达到二级。

声环境

城市住区的白天噪声允许值宜不超过45dB，夜间噪声允许值宜不超过40dB。靠近噪声污染源的住区应通过设置隔音墙、人工筑坡、植物种植、水景造型、建筑屏障等进行防噪。

住区环境设计中宜考虑用优美轻快的背景音乐来增强居住生活的情趣。

温、湿度环境

温度环境：环境景观配置对住区温度会产生较大影响。北方地区冬季要从保暖的角度考虑硬质景观设计；南方地区夏季要从降温的角度考虑软质景观设计。

湿度环境：通过景观水量调节和植物呼吸作用，使住区的相对湿度保持在30%-60%。

嗅觉环境

住区内部应引进芳香类植物，排斥散发异味、臭味和引起过敏、感冒的植物。

必须避免废异物对环境造成的不良影响，应在住区内设置垃圾收集装置，推广垃圾无毒处理方式，防止垃圾及卫生设备气味的排放。

视觉环境

以视觉控制环境景观是一个重要而有效的设计方法，如对景、衬景、框景等设置景观视廊都会产生特殊的视觉效果，由此而提升环境的景观价值。

要综合研究视觉景观的多种元素组合，达到色彩适人、质感亲切、比例恰当、尺度适宜、韵律优美的动态观赏和静态观赏效果。

人文环境

应十分重视保护当地的文物古迹，并对保留建筑物妥善修缮，发挥其文化价值和景观价值。

要重视对古树名树的保护，提倡就地保护，避免异地移植，也不提倡从居住区外大量移入名贵树种，造成树木存活率降低。

保持地域原有的人文环境特征，发扬优秀的民间习俗，从中提炼代表性设计元素，创造出新的景观场景，引导新的居住模式。

景观设计分类表

序号	设计分类	设计元素		
		功能类元素	园艺类元素	意象类元素
1	绿化种植景观		植物配置 宅旁绿地 隔离绿地 架空层绿地 平台绿地 屋顶绿地 绿篱设置 古树名树保护	
2	道路景观	机动车道 步行道 路缘 车档 缆柱		
3	场所景观	健身运动场 游乐场 休闲广场		
4	硬质景观	便民设施 信息标志 栏杆/扶手 围栏/栅栏 挡土墙 坡道 台阶 种植容器 入口造型	雕塑小品	
5	水景景观	1．自然水景 驳岸 景观桥 木栈道 2．泳池水景 3．景观用水	1．庭院水景 瀑布 溪流 跌水 生态水池／沙水池 2．装饰水景 喷泉 倒影池	
6	庇护性景观	亭 廊 棚架 膜结构		
7	模拟化景观		假山 假石 人造树木 人造草坪 枯水	
8	高视点景观			图案、色块、 屋顶、色彩、 层次、密度、 阴影、轮廓
9	照明景观	车行照明 人行照明 场地照明 安全照明		特写照明 装饰照明

三、景观设计分类

分类原则

本导则的景观设计分类是依居住区的居住功能特点和环境景观的组成元素而划分的，不同于狭义的“园林绿化”，是以景观来塑造人的交往空间形态，突出了“场所＋景观”的设计原则，具有概念明确、简练实用的特点,有助于工程技术人员对居住区环境景观的总体把握和判断。

封闭型绿地		开敞型绿地	
南侧多层楼	南侧高层楼	南侧多层楼	南侧高层楼
$L \geq 1.5(L_2)$	$L \geq 1.5(L_2)$	$L \geq 1.5(L_2)$	$L \geq 1.5(L_2)$
$L \geq 30(m)$	$L \geq 50(m)$	$L \geq 30(m)$	$L \geq 50(m)$
$S_1 \geq 800(m^2)$	$S_1 \geq 1200(m^2)$	$S_1 \geq 800(m^2)$	$S_1 \geq 1200(m^2)$
$S_2 \geq 1000(m^2)$	$S_2 \geq 1200(m^2)$	$S_2 \geq 1000(m^2)$	$S_2 \geq 1200(m^2)$

院落组团绿地设置规定

设计元素

景观设计元素是组成居住区环境景观的素材。本导则列出的景观设计元素仅是诸多素材中的常见部分，其中一些重要的量化指标可作为设计参考依据。

设计元素根据其不同特征分为：功能类元素、园艺类元素和表象类元素。

绿化种植景观

居住区公共绿地设置根据居住区不同的规划组织结构类型，设置相应的中心公共绿地，包括居住区公园（居住区级）、小游园（小区级）和组团绿地（组团级），以及儿童游戏场和其他的块状、带状公共绿地等。

注：①居住区公共绿地至少有一边与相应级别的道路相邻。②应满足有不少于1/3的绿地面积在标准日照阴影范围之外。③块状、带状公共绿地同时应满足宽度不小于8米，面积不少于400平方米的要求。④参见《城市居住区规划设计规范》。

公共绿地指标

公共绿地指标应根据居住人口规模分别达到：组团级不少于0.5m^2/人；小区（含组团）不少于1m^2/人；居住区（含小区或组团）不少于1.5m^2/人。

绿地率

新区建设应不少于30%；

旧区改造宜不少于25%；

种植成活率不少于98%。

院落组团绿地

其中：L-南北两楼正面间距（m）；L_2-当地住宅的标准日照间距（m）；S_1-北侧为多层楼的组团绿地面积（m^2）；S_2-北侧为高层楼的组团绿地面积（m^2）。

绿化带最小宽度规定

名　称	不宜小于（中一中）(m)	不宜大于（中一中）(m)
一行行道树	4.00	6.00
两行行道树（棋盘式栽植）	3.00	5.00
乔木群栽	2.00	/
乔木与灌木	0.50	/
灌木群栽（大灌木）	1.00	3.00
（中灌木）	0.75	0.50
（小灌木）	0.30	0.80

第四章

实践与提高篇

第四章 实践与提高篇

第一节　景观任务分析

一、实战案例分析

主持设计大中型项目的高级阶段

1. 比较和优化项目的方案设计

本阶段要多开拓方案思路，开始可以从多方面入手，但最后还是要明确一套方案设计思路，不可过于繁复，以免造成设计后续阶段的混乱。

2. 组织完成扩初和施工图设计

本阶段是在方案确认的基础上，深化设计和推敲各景点、功能区域、组群间的空间关系和立面，深入表现局部大样节点等细部，同时要和业主不断保持联系。

3. 熟练运用常见本土园林植物，进行园林植物群落设计

要在种植设计师的配合下，根据造价要求，合理地完成乔灌木设计图和苗木规格表等。

4. 参与景观系统规划设计

景观设计是一个整体系统的设计过程，景观设计师要参与建筑和室内外交接部的处理、道路系统的完善和改造、灯光照明系统设计、开发项目销售和相关景观思路介绍、处理竖向标高等诸多繁复问题。

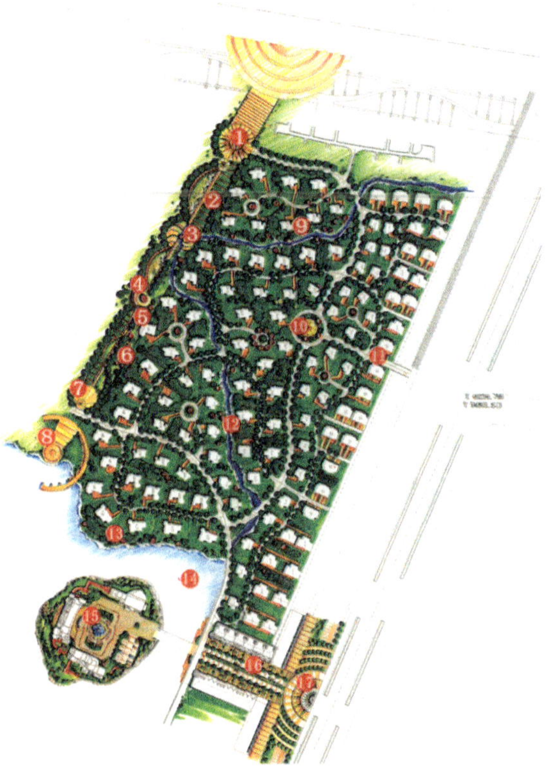

住宅小区规划阶段的总平面图和概念设计

5. 协调相关专业设计

水电工程师、种植设计师、建筑和室内设计师等都需要经常协调和相互合作。

景观设计需要现场交底、工程协调和设计配合，并参与现场监督并解决施工中的各种问题。

二、景观设计详细流程

大中型景观设计工作根据项目情况可细分为五个阶段进行。

第一阶段：概念设计

首先开始场地现况勘察、相关资料收集及整理并与业主

沟通，确定主题构想。

其次进行场地空间概念分析，设计景观方案总平面图、分析图及分区平面图草图，主要景点透视意向（照片、图面辅助说明各景点意向）。

最后完成概念设计说明，此阶段工作（根据项目情况议定设计周期），阶段成果提交A3文本二份。

比较完整的住宅地块方案设计，道路系统、功能区域布置、地形变化、景观水系和植物构成等都一目了然

第二阶段：方案设计

概念设计的进一步完善，与业主再次沟通，使概念构思达成共识，并经专家或业主评审，形成最终确定的景观方案。

深化概念设计，完善表达设计概念的总平面效果图、分析图、分区平面图、总体鸟瞰效果图、重要节点透视效果图。

设计总体地形变化处理方案，包括各主要剖、立面图。

设计总体植物效果方案和方案设计说明，景观工程估算书，此阶段工作（根据项目情况议定设计周期），阶段成果提交A3文本二份。

第三阶段：初步设计

依据方案成果与业主、建筑设计院等单位再次沟通，对景观设计方案达成共识，并进行深化方案的初步设计。总平面优化，确定最终总平面布置图，总体竖向设计，植物配置及苗木清单，主要分区放大平面设计，地面铺装形式及材料处理方案，景墙、台阶、种植池、步行小径等的初步设计；喷水池、水景的造型和表面材料设计；配套专业前期技术准备；小品及设施初步设计；景观照明灯具选型；绿化浇灌布置方案；景观工程概算书，此阶段工作（根据项目情况议定设计周期），阶段成果提交A3文本(加白图)二份。

第四阶段：施工图设计

按国家制定的行业标准进行设计，能完整提供环境景观施工所需要的全部图纸及所应达到的可供施工的设计深度。

设计景观设计总平面索引图（标明分区）；总平面布置图；总平面定位图；总平面竖向设计图；总平面种植设计图

局部放大平面设计，文本页面形式可以参考借鉴下图版式

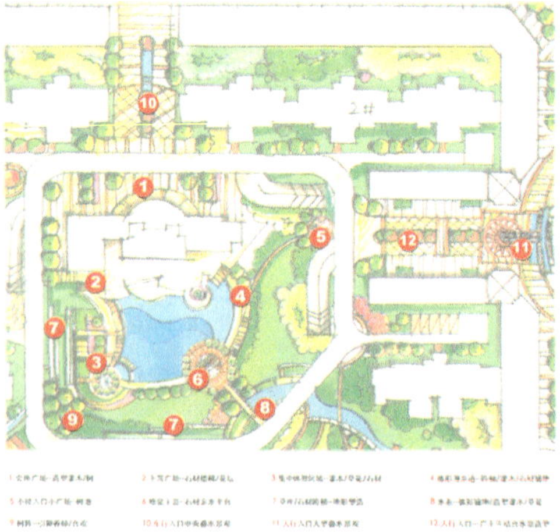

及苗木表；总平面景观照明、浇灌配置图；分区平面布置图；分区平面定位图；分区放大平面铺装设计图；各区重要节点设计详图；景观土建专业施工图；景观结构专业施工图；景观水电专业施工图；施工图设计说明。此阶段工作（根据项目情况议定设计周期），阶段成果提交蓝图八份，可供报批的电子文件一份。

第五阶段：施工配合

在施工图设计完成后，进行施工前设计交底；对施工单位选送的主要铺面材料进行确定封样，以确保景观工程按图施工；对主要施工节点到现场进行协调（必要时到施工现场配合）；协助发包人解决工程施工中出现的技术性问题，解答施工单位有关设计方面问题，负责设计变更；参加所有与景观有关的工程验收，签发竣工证明书。

典型的图纸目录分类罗列了各部分施工图纸，非常方便检索

图纸目录

工程总称 杨南三、四街坊　　项目编号　　图号
项目 施工　设计阶段 施工 工种 景观 共2页 第1页 2006年1月

序号	图号	图名	张数	纸型	备注
	0.01	图纸目录	1	A3	
	0.02	图纸目录	1		
	0.03	施工设计说明	1	A2	
	1.01	景观总平面	1	A1加长225	
	1.02	定位图	1		
	1.03	定线图	1		
	1.04	乔木图	1		
	1.05	灌木图	1		
	1.06	地形标高图	1		
	1.07	索引图	1		
	1.08	铺装总平面图	1		
	1.09	尺寸大样图	1		
	1.10	灯具给排水布置图	1		
	1.11	户外设施布置图	1		
	1.12	苗木规格表	1	A2	
	2.01	景观湖放大定线图	1	A2	
	2.02	景观岛大样图--跌水剖面图	1	A1	
	2.03	跌水水池剖面图、Ⅱ--Ⅱ剖面图、Ⅲ--Ⅲ剖面图	1	A2	
	2.04	驳岸示意图	1		
	2.05	九曲桥阶梯花池大样图一	1		
	2.06	九曲桥阶梯花池大样图二	1		
	2.07	九曲桥楼梯平台节点大样图	1		
	2.08	九曲桥大样图	1		
	2.09	六角亭大样图	1		

审核______ 审定______ 项目负责人______ 校对______ 设计______

图纸目录

工程总称 杨南三、四街坊　　项目编号　　图号
项目 施工　设计阶段 施工 工种 景观 共2页 第1页 2006年1月

序号	图号	图名	张数	纸型	备注
	2.10	六角亭节点详图	1	A2	
	2.11	六角亭节点详图	1		
	2.12	六角亭节点详图	1		
	2.13	六角亭节点详图	1		
	2.14	六角亭节点详图	1		
	2.15	入口广场景观岛树池大样图	1		
	2.16	景观木桥大样图	1		
	3.01	地下车库屋顶花园定线图	1	A2加长300	
	3.02	地下车库屋顶花园剖面图	1	A2	
	3.03	地下车库屋顶花园侧剖立面图	1		
	3.04	地下车库屋顶花园四角亭大样图	1		
	3.05	地下车库屋顶花园花架详图一	1		
	3.06	地下车库屋顶花园花架详图二	1		
	3.07	地下车库屋顶花园花架详图三	1		
	3.08	地下车库屋顶花园道路挡土墙大样图	1		
	3.09	地下车库屋顶花园硬质铺地大样图一	1		
	3.10	地下车库屋顶花园硬质铺地大样图二	1		
	3.11	地下车库屋顶花园硬质铺地剖立面图	1		
	3.12	地下车库屋顶花园入口景墙详图	1		
	3.13	地下车库屋顶花园中央景墙详图	1		
	3.14	地下车库屋顶花园树池大样图	1		
	3.15	地下车库屋顶花园采光口立面图一	1		
	3.16	地下车库屋顶花园采光口立面图二	1		

审核______ 审定______ 项目负责人______ 校对______ 设计______

商业步行街景观和立面设计代表作品，具体到立面形式、雨棚、灯光、水池等元素都非常出彩

第二节　全面提升阶段

一、商业区景观设计

基本规划理念和相关知识

景观与外环境都具有经济（区位、生产力、价值创造）、生态、美学三方面的特性与价值。商业景观是景观环境中的一种，其设计方法与一般意义的景观设计相比，除了具有一般特征外，又因其使用属性的定位，显得更具有鲜明的目的性和经济特性。毫无疑问，商业景观的属性定位与经济学上的商业活动具有很紧密的联系，这是与一般意义上的景观设计最显著的区别所在，把握这些区别必须从商业活动的特性去分析和理解。对于商业区景观设计要着重考虑它的商业文化和商业性等功能的需要。

"人（消费者）、物（商品）、载体（空间）是构成商业活动的三大基本要素"。商业景观或者作为商业空间的辅助组成（如：商场与金融建筑中庭、商业步行街景观、室内景观、商业园区景观、生产园区景观等）；或者直接参与商业活动（如 ：贸易码头、商业改造项目景观、广告性特殊景观场所等），其最终目的在很大程度上是为了促成商业活动的进行和商品交换的最终达成。这一性质与目的决定了商业景观设计与一般环境空间景观设计相比，呈现出特有的特殊性和矛盾性。

广场与街道的景观设计

按照广场的主要功能、用途及在城市交通系统中的位置分类可分为集会游行广场（其中包括市民广场、纪念性广场、

商业广场的铺装、设施和人群动线流向

商业街设计形象的整体关系和邻里商业单体外观，包括过街楼、扶梯、种植绿化树木和店招等都非常和谐统一

通过天棚采光和丰富的立面造型、植物的点缀、商业景点的设置，使得人们的购物环境很舒适

生活广场、文化广场、游憩广场）、交通广场、商业广场等。但这种分类是相对的，现实中每一类广场都或多或少具备其他类型广场的某些功能。城市广场还可以按照广场形态分为有规整形广场、不规整形广场及广场群等，且现代城市广场形态越来越走向复向化、立体化，包括下沉式广场、空中平台和步行街等等；按照广场构成要素分析可分为建筑广场、雕塑广场、水上广场、绿化广场等；按照广场的等级可分为市级中心广场、区级中心广场和地方性广场（如居住街区广场、重要地段公共建筑集散广场和建筑物前广场）等。

商业

商业广场大多采取人车分流手段，以步行商业广场和步行商业街的形式为多，还有各种集市露天广场形式。步行商业街是以步行交通为主的商业街，作为市民接触使用最频繁的开放空间有其得天独厚的优势，在现代城市中占有重要的地位。具有良好环境艺术效果的铺装设计也是其设计的一个重点。安全、舒适、亲切，具有方位感、方向感、文化感、历史感和特色感是步行商业街铺装景观设计的要点。

现代信息化、广告化的社会发展趋势对传统的商业形式形成了巨大的冲击，因此“商业的发展首先是要具有活力，必须要有灵活方便及时的讯息传达”，这与景观营造的周期性形成特定的矛盾。商业景观并不过多地存在纪念价值，相反，其广告效应倒具有相当的意义。因此必须努力营造一种在现代信息化商业活动中能够与丰富多样的商业形式合理并存的景观空间环境，形成独特的商业气氛。

商业街地面和通道的绿化设施很值得借鉴

在步行街的景观设计当中，通常需要街道上的各个店面既要有独立个性，又要服从整个街区形象的群体协调，并要求邻近的建筑单体之间以及建筑立面与装饰招牌的处理相互协调。其规划思想是要“达到使人们从心理感知的角度感觉到街道的统一的美感”。但是在实际处理的时候就衍生出一个不可避免的矛盾：对街道内各店面协调变化因素与重复因素的要求与商店的实际需要之间

商业广场的动线和流程分析

不可能形成固定的比例关系。因为不同经营范围的商店业主出于商业目的和经济利益的考虑，必定对自己的店面经营空间有各自复杂的具体要求。所以，在设计商业街景观的时候，设计师能够做到的有时只能是协调者的作用，力求营造出趋于合理的商业景观环境，服务于商家，服务于广大消费者。

交通分析

商业街是由人们的生活需要而产生的一种商业形态，我们以景观意境为出发点，寻找适宜的尺度，通过空间变化的重组，营造一条生长出来的街，通过各种元素，铺地、雕塑、喷泉、植物来解决商业街的标识性。商业步行街是人们行走、徜徉、休息、交流的开放空间，所以要细致区分空间，使人行与车行的矛盾得到最大解决，一般常用的方式是通过高差解决人车分流。

商业景观设计中的矛盾性由经济效益问题牵涉出来，矛盾集中在经济效益、销售量、游人量、商店量、整体环境舒适度、商业活动发生和成功的概率这几个要素之间。采用坡道设计，考虑无障碍通行，使设计更加人性化。确定适当距离的关键不仅是实际的自然距离，更重要的是感觉距离，通过景观节点、景观设施的设置来丰富人们的视觉感受。比如一条单调平直呆板的街道虽然很短，人的心理感受距离却很长。我们通过竖向的变化，使行车道路与人行处于不同高差，人在商业街的购物会感觉舒适，在这种尺度下真正营造一个休闲、自由徜徉的街道环境。

我们要以景观意境为线索，遵循“以人为本”的原则，运用轴线对称布局构造，采用点、线、面结合成景的方式，参照所处位置及不同功能分割空间，营造一个多功能的、舒适的、令人愉悦的、具有浪漫气息的娱乐购物、文化休闲的环境。我们将从商业景观的实例入手，进行深入浅出的剖析，让我们能更清晰地了解此中环境。

空间分析

商业街的主要特点是因商业店铺的集中而形成了室外购物、休闲、餐饮等功能空间，基于商业街的店铺特色，决定了其设计的核心就是让空间有用而舒适。根据调查，一般商业街的尺度，都控制在8－12米左右，而这又是针对两侧都是店铺的商业街，本地的商业街是单侧式的，在商业建筑前约19米宽的范围内，要满足停车、行车，还有步行的功能，所以商业街前面的步行街尺度定为5米宽，又考虑到车行对人流的影响，利用竖向高差的变化将其划分成两个不同的空间。再根据建筑的轴线在相关节点上设置种植坛形成景观序列，根据建筑的收放控制台阶的收放。

公共空间是由建筑物的影响空间叠加产生的，它具备了叠加本体的同质性，所以它并不适合所有人的所有的交往活动，看起来，它是具有针对性的。也正因为如此，我们需要去创造多样性的公共空间，满足人群的不同的交往需求。从另一方面讲，特征相对或相反的建筑物的影响空间相互重叠，会使人有不安的感觉。这是设计者需要尽量避免的。城市建设中也要避免不同的建筑影响空间的过度重叠，可以通过手段弱化其重叠。所以我们怎样处理好居住空间与商业的矛盾，以更多地避免或弱化空间的不和谐，同样成了我们设计的一个成败关键。

景观节点分析

商业景观由于不同专业或综合性的功能特点和性质，造型特征也反映出其独特的性格和特征：

独特的形象语言，在创造商业景观的形象方面必须显示商品特性及专业性质，并要与环境造型要素相结合，通过醒目的标志与商业广告语言使该环境具有强烈的独特性，从而达到吸引与招徕顾客的目的。

多样的形态构成，复杂性来源于简单元素的组合，同一般的景观设计一样，商业景观的形态构成离不开其基本要素与关系，通过各种基本形态加以分解、组织重构与创新，挖掘其无穷的创造潜力。而且，必须从立意与手法上打破一些常规视觉范围的平衡性，对视觉中心的转移、秩序变换、对比强化等，给人以视觉上的冲击，创造出新颖别致且具有时代感的商业环境。

丰富的细部装饰，商业景观有必要强调细部的修饰，因为这样能体现设计的刻意性，从而使顾客对该环境拥有者的经济实力坚信不移，对该环境产生消费的欲望。

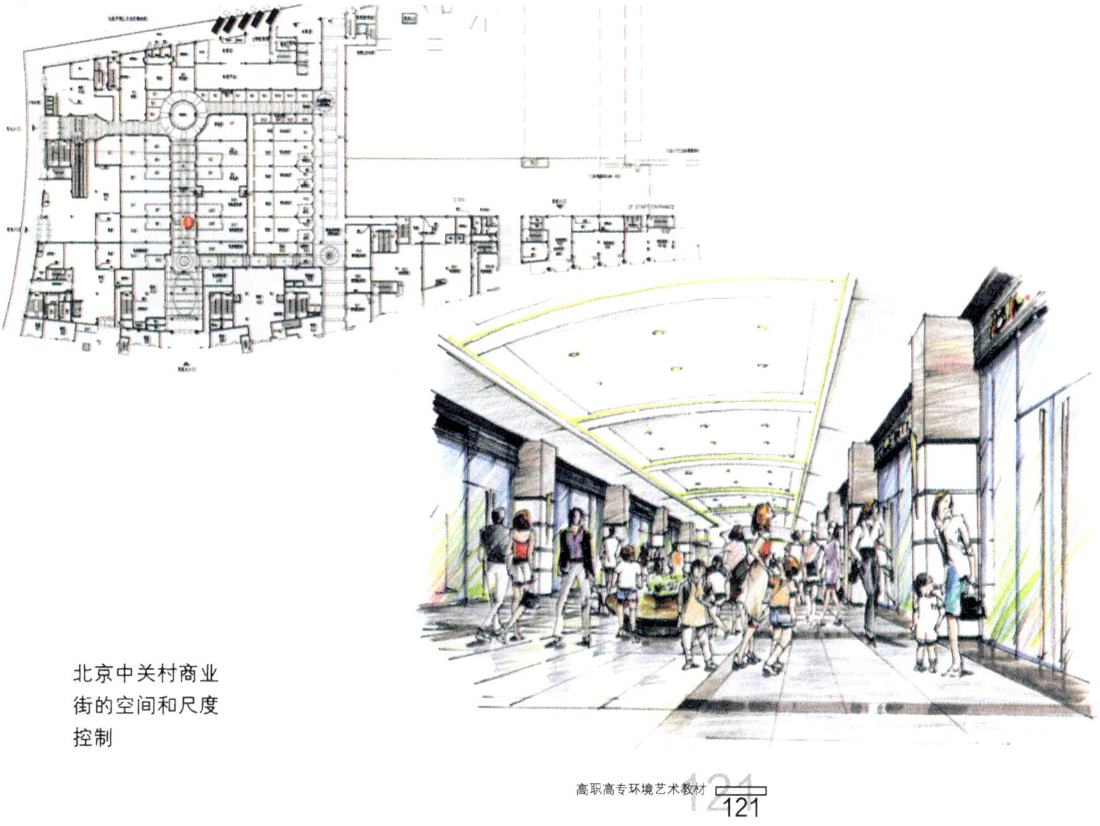

北京中关村商业街的空间和尺度控制

商业内街的空间造型，柔和的自然光从上至下均匀地投射下来

商业广场的夜景，可以清晰地看到景观的层次和脉络，灯光给景点罩上了一层朦胧的暖色调

商业店招和雨棚等浑然一体，分外惬意

遮阳篷和行道树与路面结合得非常和谐，使人轻松自在

城市广场的设计是城市设计的重要课题，它反映了城市整体设计的重要性。在任何一个环境设计中，整体的得失都比局部的好坏重要得多。城市广场设计虽然只是城市设计的一部分，但规划设计与城市总体规划和环境质量密不可分，所以设计广场的时候要基本把握总规的要求和全面分析广场所处的环境和地域历史文化特点。

二、居住区景观设计

居住区景观环境设计原则

我国的城市化进程不断加快，城市与自然共存、人类与自然对话、谋求环境与城市的共同发展已成为城市发展的方向，建设生态化园林城市已成为园林界共同关注的焦点之一。居住区绿地作为城市生态绿地系统的重要组成部分，是居民的重要的生活境域，居住区环境景观是改善生态环境质上海仁恒河滨住宅小区的景观突破了传统平面化的绿化套路，通过高低错落的石材台阶和草阶的层次变化，灌木造型在垂直高度上的疏密有致，中低层植被的组织非常成功，从而避免过多地用大树来塑造景观，同时控制了造价

量和服务居民日常生活的基础。因此，对居住区环境景观的塑造直接影响城市整体生态环境的建立。以下就探讨有关居住区的性质规模、构成，景观环境设计的一些设计原则、理念、内容和手法。

居住区景观的构成

景观的使用几乎渗透到了居住区环境的各个角落，在景观设计中如何对这些设计元素进行综合取舍、合理配置乃是景观设计的要点。

绿化

绿化居住区绿化设计最早发展于西方发达国家，绿化是环境景观的基本构成元素。以前，居住区的绿化往往是沿河、沿路“一枝桃花一枝柳”，满足于“披上绿化不见黄土”的低层次阶段，没有多大特色和艺术性。现代居住区的园艺绿化呈现以下几种趋势：

1. 种植绿化乔、灌、花、草结合，马尼拉、火凤凰等草类地被植物塑造绿茵盎然的植物背景，点缀具有观赏性的高大乔木如香樟、玉兰、棕榈、银杏等，以及丛栽球状灌木和颜色鲜艳的花卉，高低错落、远近分明、疏密有致，绿化景观层次丰富。

2. 种植绿化平面与立体结合，居住区绿化已从水平方向转向水平和垂直相结合，根据绿化位置的不同，垂直绿化可分为围墙绿化、阳台绿化、屋顶绿化、悬挂绿化、攀爬绿化等。

3. 种植绿化实用性与艺术性结合，追求构图、颜色、对比、质感，形成绿点、绿带、绿廊、绿坡、绿面、绿窗等绿色景观，同时讲究和硬质景观的结合使用，也注意绿化的维护和保养。所有这些都极大地丰富了居住区绿化的内涵。

道路

道路是居住区的构成框架，一方面它可以疏导居住区交通、组织居住区的空间，另一方面，好的道路设计本身也构成居住区的一道亮丽风景线。按使用功能划分，居住区道路一般分为车行道和宅间人行道；按铺装材质划分，居住区道路又可分为混凝土

上海绿城的景观步行主通道，用多种材质来区分景观功能，丰富了视觉感受

仁恒河滨的几种道路材质(豆石、马赛克、花岗石、木板)的变化，收放自如，给人以整齐，充满理性的美感

路、沥青路以及各种石材仿石材铺装路等等。居住区道路尤其是宅间路，其往往和路牙、路边的块石、休闲坐椅、植物配置、灯具等共同构成居住区最基本的景观线。因此，在进行居住区道路设计时，我们有必要对道路的平曲线、竖曲线、宽窄和分幅、铺装材质、绿化装饰等进行综合考虑，以赋予道路美的形式。如区内干路可能较为顺直，由混凝土、沥青等耐压材料铺装；而宅间路则富于变化，由石板、装饰混凝土、卵石等自然和类自然材料铺装而成。

驳岸河道起到防洪泻洪，防护堤岸的作用。

在硬质景观设计中如能巧妙地在驳岸的形式、材质上做文章，通过河道的宽窄和形态控制水流速度，制造急流、缓流、静水，形成动静结合、错落有致，自然与人工交融的水景，再辅以灯光、喷泉、绿化、栏杆等装饰，则可形成区内多视线、全天候的标志景观。

铺地广场在居住区中是人们通过和逗留的场所，是人流集中的地方。在规划设计中，通过它的地坪高差、材质、颜色、肌理、图案的变化创造出富有魅力的路面和场地景观。目前在居住区中铺地材料有几种，如：广场砖、石材、混凝土砌块、装饰混凝土、卵石、木材等等。优秀的硬地铺装往往别具匠心，极富装饰美感。

如某小区中的装饰混凝土广场中嵌入孩童脚印，具有强烈的方向感和趣味性。值得一提的是，现代园林中源于日本的“枯山水”手法，用石英砂、鹅卵石、块石等营造类似溪水的形象，颇具写意韵味，是一种较新的铺装手法。

很有代表性的住宅小区道路构成空中鸟瞰，从空中看，主路简洁大方，景观路自然舒展，小径沿着地形蜿蜒曲折，引人入胜

小品

小品在居住区硬质景观中具有举足轻重的作用，精心设计的小品往往成为人们视觉的焦点和小区的标识。

雕塑小品

雕塑小品又可分为抽象雕塑和具象雕塑，使用的材料有石雕、钢雕、铜雕、木雕和玻璃钢雕。雕塑设计要同基地环境和居住区风格主题相协调，优秀的雕塑小品往往起到画龙点睛、活跃空间气氛的功效。

园艺小品

园艺小品是构成绿化景观

仁恒河滨的入口主景观道左侧的太湖石小品，用磨砂玻璃、不锈钢和马赛克营造出了一种饶有情趣的山水象征意境

上海绿城小区精心设计的碎拼锈石背景、水池、水罐和围边都采用醒目的黑色石材

不可或缺的组成部分。苏州古典园林中，芭蕉、太湖石、花窗、石桌椅、楹联、曲径小桥等，是古典园艺的构成元素。当今的居住区园艺绿化中，园艺小品则更趋向多样化，一堵景墙、一座小亭、一片旱池、一处花架、一堆块石、一个花盆、一张充满现代韵味的座椅，都可成为现代园艺中绝妙的配景，其中有的是供观赏的装饰品，有的则是供休闲使用的“小区家具”。

设施小品

在居住区中有许多方便人们使用的公共设施，如路灯、指示牌、信报箱、垃圾桶、公告栏、单元牌、电话亭、自行车棚等等。比如居住区灯具就有路灯、广场灯、草坪灯、门灯、泛射灯、建筑轮廓灯、广告霓虹灯等，仅路灯又有主干道灯和庭院灯之分。这些灯具的造型日趋美观精致，还可和悬挂花篮以及旗帜结合成为居住区精美的点缀品。上述小品如经过精心设计也能成为居住区环境中的闪光点，体现出“于细微处见精神”的设计。

居住区景观规划设计应遵循的基本原则

居住区景观规划要因地制宜、布局合理、自然活泼、富有创意,结合生态园林要求,以绿为主,以植物造景,达到春有花、夏有荫、秋有果、冬有绿的效果,创造自然、清新、舒适、优美，人与自然高度和谐的高品位、高格调的绿化环境。

小游园主要服务对象是老人和儿童,主要活动方式有观赏、休息、游玩、体育活动和课外阅读等。根据游人不同年龄、特点,划分活动场地和确定活动内容,场地间要有分隔,布局既要紧凑,又要避免相互干扰。场地一般设在入口附近,稍靠边缘的独立地段上。儿童游戏场不需要很大,但活动场地应铺草皮或选用持水性较小的砂质土铺地或海绵塑胶面砖铺地。

园路的宽度和绿地的规模与所处的位置、功能有关。绿地面积在50平方米以上,主路宽3—4米，可兼做成人活动场所；绿地面积在50平方米以下，主路宽约2米，次路1.2米左右,通常最小宽度为1.2米，以两人可对行为宜。路面用碎石、卵石、毛石等铺砌园路。

小广场按形式可分为规则式或不规则式。小广场的标高一般与园路的标高相同。

园林建筑与设施由于小游园面积不大,所以园林建筑与设施应小巧玲珑、各具特色,摆放在适当的位置,一般有坐凳、坐椅、花坛、花架、园灯、宣传栏等。

绿地组团是结合居民建筑的不同组合而形成的公共绿地,面积不大、靠近住宅，居民尤其老人和儿童使用方便。由于住宅组团的布置方式和布局手法多种多样,组团绿地的大小、位置和形状也就千变万化。要求服务半径小,使用率高,不同的功能区域中间以绿化或小路隔离,互不干扰,各得其所,为居民提供一个安

结合了左侧的休闲道和右侧的儿童活动场地，用树木结合地形环绕出了一个游园区

上海绿城的组团绿地，外围消防路上停车位、乔木地和起伏的绿地穿插组合

全、方便、舒适的游憩环境和社会交往场所。

庭院处于住宅群环境中，因建筑物所造成的阴暗部分较多，所以选择和配置耐阴树种十分重要。保持居住环境安静，也是庭院绿化的一个主要任务，如以植篱分隔庭院，可降低噪声。植篱以高2米左右、宽1米左右效果较好。庭院的空间尺度、树种的大小、高低要与庭院的大小、建筑层次相称，应以绿化设计的立意为前提。居室外种植乔木与住宅墙面的距离，一般应在5—8米，避开铺设地下管线的地方。通常以落叶树为好，常绿树要避免直对窗口。

花木配置宜采用孤植、丛植方式，栽植于靠近窗口或居民经常出入之处，以便近赏，充分提高花木的观赏效果。室内外和院内外的绿化相结合，要考虑将自然环境和住宅环境联系起来，使两者互相衬托，相得益彰。

居住区道路绿化

道路两旁种植行列式乔木遮阴，根据道路的宽窄，可选择种植中、小乔木，如香樟、广玉兰、女贞、银杏等植物。

居住区绿地的树种选择按以下原则：

1. 选择生长健壮、便于管理的乡土树种。

2. 选择树冠大、枝叶茂密、落叶阔叶乔木。在夏天，居住区有大面积的遮阴，冬季又不遮阳光，还能吸附灰尘和减少噪声，使空气新鲜。

3. 选择有季相变化的常绿树和开花灌木。

4. 选择耐阴植物和攀援植物。在阴暗部分，选择耐阴植物，如垂丝海棠、梅花、罗汉松等；攀援植物有常春藤、络石等。

居住小区的绿化设计应强调人性化意识，考虑人在使用中的心理需要与观赏心理需要吻合，做到景为人用。在住宅入口、公共走廊，直到分户入口，都引入绿化，使人们在日常生活的每一个关键点都能够接触到绿化，绿化环境不再只是一块绿地，而是一个连续的系统。

不同地带一定面积的小区内木本植物种类应达到一定数量；在乔木、灌木、草本、藤本等植物类型的植物配置上应有一定的搭配组合，尽可能做到立体群落种植，以最大限度地发挥植物的生态效益。在植物配置上，应体现出季相的变化，至少做到三季有花，在植物种类上应有一定的新优植物的应用。

为维护全球可持续发展，在世界范围内已提出保护生物的多样性。作为城市环境重要组成部分的居住区绿地应成为城市生物多样性保护的开放空间。居住区绿地中的人工植物群落应是在城市环境中，模拟自然而营造的合适本地区的自然地理条件，结构配置合理、层次丰富、物种关系协调、景观自然和谐的园林植物群落。少种植那些过于娇贵的植物，通过植物自然的生长营造良

低层地被、中层的灌木和绿篱、高大的常绿和落叶乔木组成了一个完整的绿化环境

自行车出入口处的种植绿化，层次分明，让人感觉很舒适

灿烂的草花和暖色调的石材铺地，中间镶嵌自然意味的卵石路，富有生态意味

好的生态环境，也不会给后期的养护带来负担。居住区绿地应是为人服务的地方，应集中体现出城市绿地的价值，在植物种类上应达到一定的数量。通过调查发现，不同地区的城市种类，因气候土壤的条件差异而有所不同，一般面积1平方米左右的小区中的木本植物种类数应能达到当地常用木本植物种数的40%以上。

好的居住区环境绿化除了应有一定数量的植物种类的种植，还应以植物种类和组成层次的多样性作基础，特别应在植物配置上运用一定量的花卉植物来体现季相的变化。在住宅的各个角落，应多种植一些芳香类的植物，如白兰、黄兰、含笑、桂花、散尾棕、夜来香等，营造怡人的香味环境，舒缓人们的神经，调节人们的情绪。

总之，按照居住小区景观环境设计理念所创造出来的景观生态模式，能够完善城市居民住宅及城市生态系统，提高城市居住区环境的质量。于开发商而言，景观生态环境良好的居住区有着更好的市场前景。营造好环境已经是居住区开发策划的重点，也是市场销售不可缺少的卖点。另一方面，优美宜人的居住区环境作为城市环境的有机组成部分，亦能够提升城市的区域环境质量。景观生态模式，将城市居住区环境设计提高到协调人与环境、人与自然关系的局面。从这个意义上说，景观生态模式，为实现城市居住区环境建设的社会、经济、自然生态系统的统一创造了条件，也是未来城市居住区环境发展演化进程的必然。

思考题

1. 通过定期实地考察周边一些比较成功的住宅小区，结合本节要点体会住宅景观设计的原则和技术要求。

2. 小区景观人性化的设计也会体现在硬质景观的细部构造上，细心观察园路宽度、细部的做法、小品尺度等等，不断提高自身对住区景观的认知度。

3. 至少列举和记录小区内经常出现的30个绿化植物品种，除了本书前面介绍的种类外，平时要不断积累和学习，及早建立自己的植物档案图库是必要的。

后记

当代景观设计已经是一个具有创造力的充满新变化的商业设计领域，园林及景观设计师们的努力不仅改善了我们周边的居住环境，而且正在得到社会各界的肯定和支持。本书的出发点是试图以比较简短的篇幅介绍比较实用的景观设计过程，对于初学者全面了解景观行业所涉及的问题范围有帮助，随着熟悉度和经验的增加，很多设计思路会植根于初学者的头脑中，从而自然形成较全面系统的设计思想。

希望本书的有关资料能够激发高校学生和有志于从事景观职业设计者的兴趣，并通过阅读本书基本了解景观设计的过程，包括设计分析、地形研究和改造，空间创造及道路系统，环境设计、装饰物及材料选择等等。

本书的某些章节需要与系列丛书的其他分册，如《建筑设计软件基础教程》、《室内设计基础教程》等对照结合，可以提供更多有益的技术指导和实践技巧。

最后感谢我的朋友余茂平、赵帧昊、魏升贤花费了宝贵的时间所提供的帮助和诸多有益的建议，本书在编撰过程中还得到了德国辛格建筑事务所（上海）和美国伊斯特贝建筑设计有限公司（上海）的大力协助，同时也感谢本书编辑的辛勤工作，正是在他们的帮助下，本书得以顺利诞生。

作者 于2008年1月

参考书目：

《园林景观设计方法》
《景观设计师便携手册》
《国家居住区环境景观设计手册》
《国外景观设计丛书——景观设计与细部》
《国家环境景观系列标准图集》